江苏科普创作出版扶持计划项目

ASTRONOMICAL TELESCOPE

探索宇宙更深的奥秘

引力波、宇宙线和暗物质望远镜

中国天文学会 中科院南京天文仪器有限公司 组织编写

程景全 著

天文望远镜史话 ⑤

南京大学出版社

图书在版编目（CIP）数据

探索宇宙更深的奥秘：引力波、宇宙线和暗物质望远镜 / 程景全著. —南京：南京大学出版社，2023.2（2024.11 重印）
（天文望远镜史话）
ISBN 978-7-305-23074-5

Ⅰ.①探… Ⅱ.①程… Ⅲ.①引力波—望远镜②宇宙线—望远镜③暗物质—望远镜 Ⅳ.①TH743

中国版本图书馆 CIP 数据核字（2020）第 046396 号

出版发行 南京大学出版社
社　　址 南京市汉口路 22 号　　邮　编 210093

丛 书 名 天文望远镜史话

书　　名 探索宇宙更深的奥秘——引力波、宇宙线和暗物质望远镜
TANSUO YUZHOU GENGSHEN DE AOMI —— YINLIBO YUZHOUXIAN HE ANWUZHI WANGYUANJING

著　　者 程景全
责任编辑 王南雁　　编辑热线 025-83595840

照　　排 南京开卷文化传媒有限公司
印　　刷 南京凯德印刷有限公司
开　　本 787 mm×960 mm 1/16　印张 11.25　字数 182 千
版　　次 2023 年 2 月第 1 版　2024 年 11 月第 3 次印刷
ISBN 978-7-305-23074-5
定　　价 48.00 元

网　　址：http://www.njupco.com
官方微博：http://weibo.com/njupco
微信服务号：njupress
销售咨询热线：（025）83594756

序言

PREFACE

21世纪是科学技术飞速发展的太空世纪。“坐地日行八万里，巡天遥看一千河。”离开地球，进入太空，由古至今的人类，努力从未停止。古代传说中有嫦娥奔月、敦煌飞天；现代有加加林载人飞船、阿姆斯特朗登月、火星探测；当下，还有中国的“流浪地球”、美国的马斯克“Space X”。

中华文明发源于农耕文化，老百姓“靠天吃饭”，对天的崇拜，由来已久。“天地君亲师”，即使贵为皇帝老儿，至高无上的名称也仅仅是“天的儿子”，还得老老实实祭天。但以天子之名昭示天下，就彰显了统治的合法性。“天行健，君子以自强不息”，君子以天为榜样，“终日乾乾”。黄帝纪年以后，古中国的历朝历代都设有专门的司天官。史官起源于天官，天文历法之学对中国上古文明的形成，具有非同寻常的意义。古人类的天文观测都是用眼睛直接进行的。

人的眼睛就是一具小小的光学望远镜，在黑暗的环境中，人眼可以看到天空中数以千计的恒星。但没有天文望远镜，人类只能“坐井观天”，不可能真正了解宇宙。

在今天这个日新月异、五彩缤纷的世界中，面对浩渺太空和大千世界，人们总会存在很多疑问。这些问题看似互不相关，但其中许多问题都可以归结到天文望远镜的科学、技术和应用当中，天文望远镜是人类走进太空之匙。

进入21世纪以来，知识和信息以非凡的速度无限传递。这样一个追求高效率、快节奏的社会，对人的知识储备提出了更高更精的要求，从小打下坚实的基础变得至关重要。在众多获取知识的途径中，“站在巨人肩上”——读大师的作品无疑是最有效的办法之一。

青少年时期，是科学技术的启蒙期，在最关键的成长期，需要最有价值的成长能量。对于成长期的青少年来说，掌握课本上的知识已远远不能满足实际需要。他们必须不断寻找新鲜的知识养料来充实自己，为了使他们能够从浩瀚的书籍海洋中最迅速、最有效地获得那些凝聚了人类科学，尤其是技术发展最高水平的伟大成果，这套“天文望远镜史话”丛书应运而生。它以全新的理念、崭新的科学知识和温情的故事，带给读者全新的感受。书中，作者用生动丰富的文字、诙谐风趣的笔法和通俗易懂的比喻，将深奥、抽象的科技知识描绘得言简意赅，融科学性、知识性和趣味性于一体，不仅使读者能掌握和了解相关知识，更可激发他们热爱科学、学习科学的兴趣。

读书之前，书是您的老师；读书之时，您是自己的老师；读完之后，或许您就会成为别人的小老师。祝愿读者在阅读“天文望远镜史话”丛书过程中，能闪耀出迷人的智慧光芒，照亮您奇特有趣、丰富多彩的科学探索之路和美丽的梦想世界。

常进

2020.08.

前言

PREFACE

身处 21 世纪，借助于各种天文望远镜，人类的天文知识已经十分丰富。航天事业的发展使人类在月亮这个最邻近的天体上留下了自己的足迹。人类制造的航天器也造访过太阳系中一些十分重要的行星和小行星。毫不夸张地说，人类对于宇宙的认知几乎全部来自天文望远镜的观测和分析。

天文望远镜是人类制造的一种用于探测宇宙中各种微弱信号的专用仪器。它们的形式多种多样，技术繁杂，灵敏度极高。天文望远镜延伸和扩展了人类的视觉，使你可以看到遥远和微弱的天体，甚至是无法被“看见”的物理现象和特殊物质。

经过长时期的发展，现代天文望远镜的观测对象已经从光学、射电，扩展到包含 X 射线和伽马射线在内的所有频段的电磁波，以及引力波、宇宙线和暗物质等。这些形形色色的望远镜组成庞大的望远镜家族。丛书“天文望远镜史话”将专门介绍各种天文望远镜的相关知识、发展过程、最新技术以及它们之间的联系和差别，使读者获得有关天文望远镜的全方位的知识。

天文学研究的目标是整个宇宙。汉字“宇”表示上下四方，“宙”表示古往今来，“宇宙”便是所有空间和时间。在古代，人类用肉眼直接观察天体，在黑暗的环境中，人眼可以看到天空中数以千计的恒星。

中国是最早进行天文观测的国家之一。2001 年在河南舞阳贾湖发掘的裴李岗文化遗址中发现了早在 8000 年以前的贾湖契刻符号，这也是世界上目前发现的最早的一种真正的文字符号。从那时起，古代中国人就开始在一些陶器上记录重要的天文现象。

公元前 4 世纪，我国史书中就有了“立圆为浑”的记载。这里的“浑”就是世界上最早的恒星测量仪器——浑仪。后来西方也发展了非常相似的浑仪，但他们沿用的是古巴比伦的黄道坐标系，所记录的恒星位置并不准确。直到公元 13 世纪之后，第谷才开始使用正确的赤道坐标系记录恒星位置。

公元前 600 年，古代中国人已经有了太阳黑子的记录。这比西方的伽利略提早了约 2000 年。在春秋战国时期，出现了著名的天文学家石申夫和甘德，以及非常重要的 8 卷本天文专著《天文星占》，其中列出了几百个重要恒星的位置，这比西方有名的伊巴谷星表要早约 300 年。古代中国人将整个圆周按照一年中的天数划分为 365 又 1/4 度，可见他们对太阳视运动的观测已经相当精确，这一数字也非常接近现代所用的一个圆周 360 度的系统。

郭守敬是世界历史上十分重要的天文学家、数学家、水利专家和仪器制造专家。他设计并建造了登封古观星台。他精确测量出回归年的长度为 365.2425 日。这个数字和现在公历年的长度相同，与实际的回归年仅仅相差 26 时秒，领先于西方天文学家整整 300 年。同样，他在简仪制造上的成就也比西方领先了 300 多年。

光学望远镜是人类眼睛的延伸。天文光学望远镜的发展已经有 400 多年的历史。利用光学天文望远镜，人们看见了许多原来看不到的恒星，发现了双星和变星。天文学家也发现了光的频谱。观测研究恒星的光谱可以了解它的物质成分及温度。

麦克斯韦的电磁波理论使人们认识到可见光仅仅是电磁波的一部分。电磁波的其他波段分别是射电（即无线电）、红外线、紫外线、X 射线和伽马射线。为了探测在这些频段上的电磁波辐射，从 20 世纪 30 年代以来，天文学家又分别发展了射电望远镜、红外望远镜、紫外望远镜、X 射线望远镜和伽马射线望远镜。这些天文望远镜是对人类眼睛光谱分辨能力的扩展。

20 世纪中期，物理学家和天文学家又分别发展了引力波、宇宙线和暗物质望远镜。这些新的信息载体不再属于电磁波的范畴，但它们同样包含非常丰富的宇宙信息。随着对这些新信息载体的认识不断深入，天文学家正在发展灵敏度非常高的引力波望远镜、规模宏大的宇宙线望远镜和深入地下几公里的暗物质望远镜。这些特殊的天文望远镜是对人类观测能力新的补充。

天文望远镜是人类高新技术的集大成之作，天文望远镜的发展也极大地促进了人类高新技术的发展。例如，现代照相机的普及得益于天文望远镜中将光学影像转化为电信号的 CCD（电荷耦合器件），手机的定位功能也直接来源于射电天文干涉仪的相位测量方法，而民航飞机的安检设备则是基于 X 射线成像望远镜技术等等。

本套丛书为读者逐一介绍了世界上各式各样天文望远镜的发展历史和技术特点。天文望远镜从分布位置上分为地面、地下、水下、气球、火箭和空间等多种望远镜；从形式上包括独立望远镜、望远镜阵列和干涉仪；从观测目标上包括太阳、近地天体、天体测量和大视场等多种望远镜。如果用天文学的语言，可以说我们已经进入了一个多信使的时代。

期待聪明的你，能够用超越前辈的聪明才智，去创造“下一代”天文望远镜。

引言

INTRODUCTION

本书是丛书“天文望远镜史话”的第五本，全面介绍在电磁波频段以外最新发展的各种天文望远镜，它们分别是引力波、宇宙线和暗物质望远镜。这些特殊的天文望远镜的发展历史已经超过半个世纪。

引力波是一种和电磁波完全不同的辐射，引力波的相对振幅非常小，因此对它的探测也十分困难。令人欣慰的是，美国两台相距 3002 千米的激光干涉仪式引力波望远镜终于有了收获，在 2015 年 9 月 14 日，它首次探测到了两个质量约为 30 个太阳质量的黑洞在 13 亿光年以外并合期间所发出的典型引力波信号。引力波望远镜包括谐振式和迈克耳孙激光干涉仪式两种。早期常温谐振式引力波探测器的灵敏度很低，不可能探测到引力波的任何信息，之后出现了低温谐振式引力波探测器，它们的灵敏度有了很大提高。不过灵敏度最高的是激光干涉仪式的引力波望远镜。其他引力波探测方法包括对脉冲星信号频率变化进行分析、对地球和月球之间的距离变化进行测量和测量三个空间飞行器之间距离变化的方法。

宇宙线粒子和电磁波谱上的伽马射线有很多相似之处，许多伽马射线望远镜本身就是宇宙线探测望远镜。用于探测低能量宇宙线的望远镜主要分布在高山和空间轨道上，而用于特高能量探测的宇宙线望远镜则需要占据很大的面积，它们通常建在地面上。位于阿根廷的有名的皮埃尔 · 俄歇天文台拥有世界上占地面积最大的天文望远镜。

对暗物质的探测是最近 40 年内出现的事情。暗物质在理论上分为两种：即速度接近光速的热暗物质和速度很慢的冷暗物质。中微子是目前已经观测到的一种热暗物质，现在中微子探测技术已经十分成熟。冷暗物质望远镜则是近 20 年才开始发展的。经过诸多努力，天文学家已经制成多种直接探测冷暗物质的装置。

读者如果想了解其他种类的天文望远镜，请查阅本系列丛书的其他分册。

目录
CONTENTS

引力波望远镜

GRAVITATIONAL

WAVE

TELESCOPE

引力波

望远镜

01

引力理论的发展

早在公元 2 世纪，地心说已经在西方形成自身的体系，该学说认为地球处于宇宙中心，而人类住在一个半球型的世界中。地心说受到天主教会的强烈支持，是当时社会上的主流共识。地心说认为，宇宙是一个有限的球体，分为天和地两层，以地球为中心，日月星辰均围绕着地球运行，最终物体总是落向地面。在地球之外一共有 9 个等距的天层，由里到外依次排列着月球天、水星天、金星天、太阳天、火星天、木星天、土星天、恒星天和原动力天，除此之外的空间则空无一物，不存在其他的天体。是上帝推动了恒星天层，才依次带动其他所有天层的运动，人类所居住的地球，则静静地屹立在宇宙中心。后来通过天文观测，人们发现了行星的逆行现象（即在某些时候，从地球上看，一些行星会往反方向运动），为了解释这种现象，有人又提出了本轮的理论，宣称这些行星体除了绕地球运动以外，还会沿着一些小本轮围绕自身的中心不停地运转。

反对地心说的代表人物是天文学家哥白尼。1473 年，哥白尼出生于波兰的一个富裕家庭。哥白尼 18 岁时就读于克拉科夫大学，学习医学期间，他对天文学产生了兴趣。1496 年，哥白尼来到意大利，在博洛尼亚大学和帕尔多瓦大学攻读法律、医学和神学。博洛尼亚大学的天文学家德 · 诺瓦拉对哥白尼影响极大。在他那里，哥白尼学到了天文观测技术及古希腊天文理论。之后大部分时间里，哥白尼是大教堂的一名教士，同时进行一些天文观测和研究。1512 年，哥白尼定居在弗龙堡，弗龙堡城墙中的平台成为哥白尼的天文观测台，他自制了三分仪、三角仪、等高仪等器具。这座建筑被称为“哥白尼塔”，一直保留到今天。

哥白尼一直追求一个和谐的宇宙。1530 年，他提出了十分著名的“日心说”，认为明亮的太阳理所当然是宇宙的中心，而地球则有月球在其近旁为它服务。哥白尼的成名巨著《天体运行论》是在业余时间完成的。全书共分为 6 卷，在第 1 卷里，哥白尼讲述了地球的运动和宇宙的构造，驳斥了托勒密的地球是宇宙中心的理论；在后 5 卷里，他用精密的观测记录和严格的数学论证，阐明第 1 卷的主张。哥白尼的这个学说震动了教会，所以他晚年受到了严重的迫害。1543 年，哥白尼 70 岁，在他去世前一个月，《天体运行论》正式发行。他在书中认为太阳屹立在宇宙的中心，行星围绕着太阳运行；离太阳最近的是水星，其次是金星，再次是地球，月亮绕着地球运行，是地球的卫星；比地球离太阳远的行星，依次是火星、木星和土星，行星离太阳越远，运行的轨道就越大，周期就越长；在行星的轨道外面，是布满恒星的恒星天（图 1）。在哥白尼去世百年后，一位伟大的物理学家在英国的乡下诞生，他就是经典物理学的奠基人牛顿先生。在哥白尼去世 21 年以后，意大利也有一位伟大的物理学家诞生，那就是天文望远镜之父伽利略。

伽利略出生于 1564 年。早在 1597 年，伽利略便收到了开普勒的《神秘的宇宙》一书，开始相信日心学说。1604 年，天空中出现超新星，伽利略也开始宣传日心学说。1609 年，伽利略发明了光学天文望远镜。1610 年，他通过世界上第一台天文光学望远镜进行观测，获得了一系列新发现。伽利略通过对天体的观测，发现金星有盈亏，星面的大小有变化；发现月球与其他行星所发的光都来自对阳光

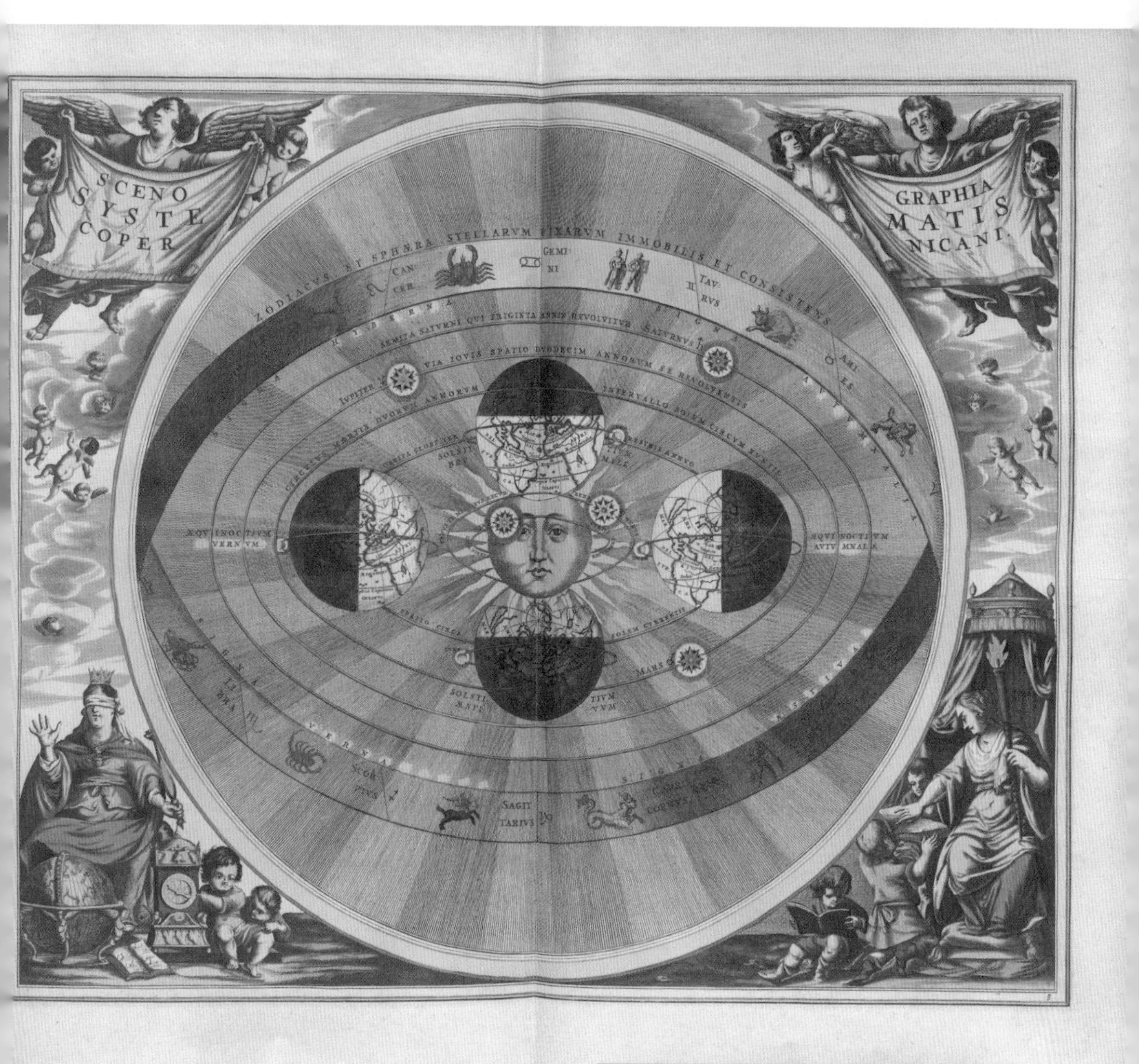

图1　哥白尼的日心说认为太阳是宇宙的中心

的反射；发现木星本身就有 4 颗卫星等等。金星的盈亏与星面大小变化的事实直接说明地球处在金星活动范围的外层，而金星是围绕太阳转动的（图 2）。由于金星的光来自太阳，所以当金星正好处在太阳和地球之间时，将看不到金星的光亮。当金星的位置移出这根连线时，金星的表面才逐渐地显露出来。当金星的位置处在地球太阳连线的另一侧时，就会形成满月的形状。至于木星存在卫星的说法，这是当时的教会决不能容忍的。天主教会认为天体只能够围绕地球转动，而不可能围绕着木星来转动。至 2018 年，天文观测已经确认了木星一共有 79 颗卫星，其中有四颗直径最大（图 3）。这些非常重要的天文观测事实有力地证实了哥白尼日心论的学说。同年，伽利略出版了《星空信使》一书，公开支持日心学说。1612 年，伽利略发现了太阳黑子及其运动，证实太阳本身存在自转。

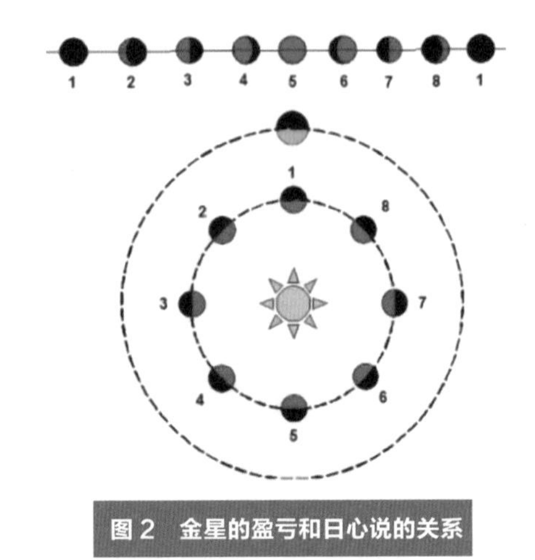

图 2　金星的盈亏和日心说的关系

图 3　木星和它的四个卫星

1616 年罗马教皇发布禁令，不允许伽利略宣扬日心学说。1632 年，伽利略发表《关于两大世界体系的对话》一书。之后他受到了教会的公开迫害，被软禁在家。1637 年，伽利略双目失明，直到 1642 年 78 岁时去世。

伽利略不仅仅是一位天文学家，同时也是一位力学专家。他在自由落体运动和惯性定律方面的研究，为牛顿所确立的万有引力理论体系奠定了重要基础。

日心说理论的最后胜利要归功于开普勒行星运动定律的建立。1600 年，27 岁的开普勒应邀担任当时十分有名的观测天文学家第谷的助手。第谷本人既不同意地心说，也不同意哥白尼的日心说理论，他发展了他自己的基本仍然是地心说的所谓第三种理论。1601 年第谷去世，给开普勒留下了在当时最为精确的天文观测资料。

从第谷的这些实测资料出发，开普勒开始研究行星的运动规律。那时候，大家都认为行星按正圆形轨道绕恒星运行，天文学家的任务是利用观测数据来确认各种行星的轨道，而不是对行星的位置进行预测。

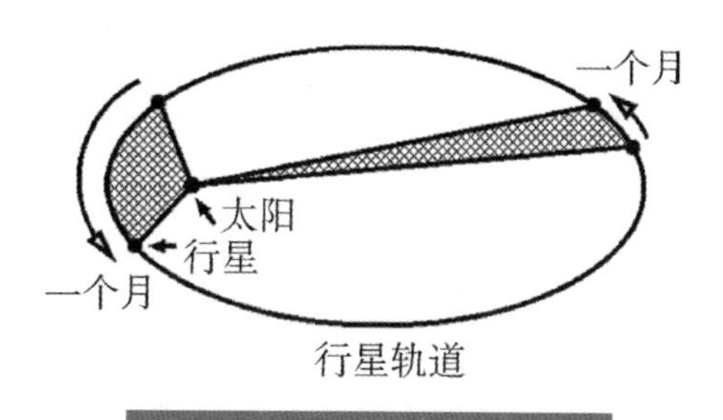

图 4　开普勒行星运动的第二定律

开普勒对观测资料进行了很长时间的计算和研究，在 1609 年，他发现了问题的所在——原来行星并不是在圆形轨道上运行的，而是在一个个椭圆形轨道上运行的，太阳就处在椭圆的一个焦点上。后来他又解决了行星在椭圆轨道上的运动公式。当年开普勒发表了著名的行星运动的第一和第二定律（图 4）。其中第二定律指出，在相同的时间内，行星和恒星的连线在椭圆面上扫过相同的面积。

十年以后，开普勒发表了轨道周期的平方和半长径立方成正比的重要关系，这就是行星运动的第三定律。这三个行星运动定律为牛顿万有引力定律的出现打下了坚实的理论基础。

牛顿是经典引力理论的开创者。在开普勒工作成果的基础上，牛顿借助于微积分工具，发展了经典力学的万有引力理论。这一理论在 1687 年于《自然哲学的数学原理》一书中首次发表。牛顿的最大贡献是将地球上苹果落地的原理和天上行星运动的原理统一了起来，这是理论物理学上的第一次大统一。在牛顿理论中，引力是在两个物体之间瞬间产生的超距作用力。至于两个物体如何在一定距离上不需要任何介质就可以互相吸引、这种吸引为什么不需要任何时间来传递作用力，所有这些问题牛顿自己最终也没有搞清楚。引力及引力波的现代理论的发展主要是200多年以后由爱因斯坦推进的。顺带一提，在爱因斯坦以前，拉普拉斯在1776年曾经用不均匀的引力作用来解释月球所在的绕地球公转的轨道的振荡现象。

02

爱因斯坦和引力波

众所周知，绝大部分的天文望远镜都应用于电磁波的各个波段，除了光学望远镜 , 还包括射电、红外、紫外、X 射线和伽马射线望远镜，仅仅有少数的天文望远镜用于非电磁波的观测。这些非电磁波望远镜包括截至目前发展了一个世纪的宇宙线天文望远镜、发展了半个世纪的引力波望远镜和新发展的暗物质望远镜。2015年，美国激光干涉仪引力波观测台 (LIGO) 首次探测到了宇宙中两个黑洞并合时所辐射出来的引力波信号，这一发现在世界范围内引起了轰动。所谓引力波望远镜（或引力波探测器），就是一种专门来探测引力波信号的十分灵敏的精密测量仪器。

在爱因斯坦以前的世界里，人们对引力波一无所知，仅仅知道引力及引力所产生的现象。引力波是 1916 年爱因斯坦发表广义相对论时首先预言的。

引力波是一种和电磁波相似却又截然不同的物理现象。引力波又被称为重力波，也被称为引力辐射，它和牛顿万有引力定律中的引力有密切关系。

我们的宇宙是由原子和分子所构成的，而原子则是由质子、中子和电子所构成的。质子和电子分别带有正、负电荷。正、负电荷的存在产生了电场，电场的变化

图 5　物理学家爱因斯坦

图 6　经典物理学家牛顿

又会产生磁场。电场和磁场的交替运动在空间形成了以光速传播的电磁波。电磁波是传播宇宙信息的一种十分重要的载体。我们目前所知道的关于宇宙的绝大部分知识都来自电磁波这种载体所带来的信息。

我们的宇宙同时又由质量和能量组成，质量和能量的存在产生了引力场。质量和能量加速运动在时空中形成了同样以光速传播的引力波。引力波是电磁波以外宇宙中又一种十分重要的信息载体，对它的探索和观测对于天文学的进一步发展有着十分重要的意义。

在科学发展史上，除了爱因斯坦（图 5）和牛顿（图 6）这两位科学巨匠，还有一位重要人物——英国物理学家麦克斯韦。1862年，麦克斯韦（图 7）建立了电磁场理论，使电、磁以及光学现象得到了完全统一，这是物理学历史上的第二次大统一。电磁场理论表明：如果有电荷的加速运动，你就会看到电磁波，也就是说看到某种光辐射，以光速向外传播。

图 7　物理学家麦克斯韦

麦克斯韦出生于 1831 年，他中年早逝，1879 年去世时只有 49 岁。正是在同一年，爱因斯坦出生在一个德国犹太人的家庭。

经过电磁场现象的大统一以后不久，物理学家发现牛顿力学和麦克斯韦电磁学在根基上是互不相容的。在牛顿力学中，各种匀速运动之间全部是平权的，没有任何速度是特殊的。但是在电磁场理论中，确实有一个地位非常特殊的速度——光速。光的传播速度被认为是一个固定值，它不受任何参考系运动的影响。

1915 年，爱因斯坦发展了一个完全和麦克斯韦电磁理论相协调的新引力理论，即广义相对论。一年后，基于广义相对论，爱因斯坦预言了引力波的存在。这种理论表明：如果有质量的物体做加速运动，就会产生引力波。引力波同样以光速向外传播。不过，引力波的证实和测量却是整整 99 年以后的事情。2015 年 9 月，美国激光干涉仪引力波观测台第一次真正探测到了来自遥远宇宙深处、两个巨大的黑洞并合时所发出的引力波信号。

爱因斯坦是科学界的巨人，但并不是一个神童。中学时代的他成绩不突出，不善于讲话，口齿不清楚，只有数学成绩比较优秀，而其他科目均不符合学校要求。如果按照正常考试制度，他很难进入大学。为此他在高中最后一年，转入一个可以直升大学的中学。17 岁的爱因斯坦中学毕业，直接升入瑞士联邦工学院。1900 年他大学毕业，由于成绩平平，不能留校工作，他本人也找不到别的工作，直到两年以后，在好友帮助下才获得一个专利局职员的位置。

在当时的物理界，新理论不断产生。多普勒发现运动中的声源会产生声音频率的变化，即多普勒效应。斐索将这个原理推广到光学领域，发现高速运动中的光源也会产生频率变化。之后迈克耳孙和莫雷又测量了地球上不同方向上的光速大小，最终发现尽管地球在自转，但是在不同方向上测量到的光速却始终不变。所有这些进展对于爱因斯坦新理论的形成都有很大影响。

爱因斯坦一边在专利局工作，一边进行研究生阶段的学习。1905 年爱因斯坦完成了他的博士论文。同一年他发表了他一生中最重要的几篇论文，提出了光量子概念、相对论理论和著名的质量能量关系式。几篇重要论文发表以后，爱因斯坦名声大振，邀请函和聘书接连不断，他的地位越来越高。同年 7 月，法国物理学家庞加莱也发表了一篇论文，提出了他自己的相对论理论，并定义了一个类似于电磁波的、用于传递引力的引力波辐射。

1909 年，仅仅 30 岁的爱因斯坦担任柏林大学讲师，很快转为苏黎世大学副教授。1911 年，爱因斯坦担任布拉格大学教授，两年后他成为母校的教授。1914 年，35 岁的爱因斯坦成为柏林大学教授和普鲁士科学院院士，这已经是当时学术界的最高职位。对于这个荣誉，他非常幽默地说：“德国人把我看作是一只下蛋的母鸡，而我自己却不知道我能不能再下一个蛋。”

1915 年 11 月，在庞加莱引力波观点的启发下，爱因斯坦真正又下了一个“大蛋”。他将 10 年前所发表的狭义相对论进行了推广，完成了广义相对论的论文，从而预言存在引力波。1916 年 2 月，爱因斯坦和天文学家史瓦西密切地交换信件，讨论是否存在引力波的问题。史瓦西是一个天才的光学专家、杰出的天文学家，他年仅 16 岁就发表了一篇关于行星轨道的论文，也是经典黑洞研究的开创者。他曾经与相对论中有杰出贡献的闵可夫斯基共事。因自身免疫性疾病，史瓦西于 1916 年 5 月去世，年仅 42 岁。闵可夫斯基是相对论中四维时空的开创者。不幸的是，闵可夫斯基寿命也很短，1909 年，年仅 45 岁的他死于急性阑尾炎。

1916 年 6 月，爱因斯坦的题为《引力场方程的近似积分》的论文发表。在这篇论文中，所谓引力的概念已经与牛顿的引力概念大相径庭，在爱因斯坦看来，引力并不是一种力，而是指受到质量影响的四维时空中的一种曲率。为了能够用物理学的公式语言来表述这一概念，爱因斯坦建立了一个著名的方程式，方程的一边是当地时空的曲率，而方程的另一边是在该时空内的能量和动量。不过这篇论文比较粗糙，其中有不少错误。

爱因斯坦的方程在一般情况下十分复杂，仅仅在某些特定的、非常对称的情况下可以求解。在大部分情况下，只有对方程进行简化或者近似，才会有精确的解析解。不过现在也常常可以使用数值方法，通过计算机来进行求解。

质量的运动就会引起时空的曲率变化，从而产生引力波并以光速向四面八方传播出去。不过爱因斯坦也承认，引力波的振幅以及引力波和物质的相互作用是如此之微弱，以至于人们能否真正探测到引力波还是一个疑问。同时他表示，即使引力波可以被探测到，这种探测在科学上所产生的作用也可能是微乎其微的。

根据庞加莱的理论，引力波应该和电磁波类似，电磁波是由于正负电荷的运动引起的，所以与正质量相对应地，也应该有一个负质量存在，只有这样，才能将引力波方程转化为麦克斯韦方程的形式。爱因斯坦很快发现，他所使用的坐标系存在问题。根据一个同事的建议，他改变了坐标系，因此获得了三种可能的波形，分别是纵向 - 纵向波、纵向 - 横向波和横向 - 横向波。1918 年，爱因斯坦又一次发表《论引力波》的论文，同时更正了 1916 年论文中的一些错误，正式预言了引力波的存在。

1922 年，英国天文学家爱丁顿发表了论文《引力波的传播》。论文中指出，爱因斯坦所引进的坐标系本身就具有波动的特点，所以爱因斯坦的三种波中的两种是可以用任意速度进行传播的，它们事实上是使用具有波动性的坐标系来观察平直空间所引起的错觉。爱丁顿在文章中承认，爱因斯坦的第三种波形将始终以光速传播，所以不排除它就是所需要的引力波的可能。这个爱丁顿就是 1919 年日全食的观测队队长。他利用日全食来证实了爱因斯坦关于光线经过太阳附近时会弯曲一个角度这个预言，这个事件使爱因斯坦名声大噪。

因为希特勒的犹太人政策，1933 年爱因斯坦移民并定居在美国，一直在普林斯顿大学工作到老死。正如他本人所说的一样，自从爱因斯坦移民美国以后，他确实没有能够“再下一个真正的鸡蛋”。他的精力除了继续引力波的研究外，主要花费在他毕生追求的统一场论的研究上，而这后一项工作的进展一直不顺利。

爱因斯坦在预言引力波二十年后，仍然对引力波的存在拿不定主意。在普林斯顿大学，他和一个来自苏联的年轻物理学家罗森合作，再次对引力波问题进行研究，不过通过这一次研究，他们竟然得出了一个令人吃惊的结论，那就是在理论上“引力波也可能是不存在的”，他们决定就此发表文章。

1936 年，他和罗森将这个新结论写成论文向《物理学评论》投稿，稿件题目是《引力波存在吗？》。《物理学评论》是爱因斯坦和罗森十分熟悉的刊物，之前他们两人合作的关于虫洞的文章就发表在这个刊物上，爱因斯坦另外还有两篇论文也是在这个刊物上发表的。应该说在这一期间，爱因斯坦名声很大，但他的思维已经比较僵化，和二十年之前完全不同。当年 6 月 1 日《物理学评论》收到他们两人的稿件，7 月 17 日刊物的评审意见返回到编辑部，一共满满十页的论文评论，认为这个稿件有着严重的逻辑问题，需要进行重大的修改后才能发表。7 月 23 日这个评审意见寄回给作者爱因斯坦，不过当他接到刊物的评审意见时，心情非常不好。爱因斯坦想不到他所写的稿件竟然也要经过匿名审稿的正常过程。刊物的回信是要求作者回答审稿人的评论和批评。

7 月 27 日，爱因斯坦很不客气地发了回信。他大发雷霆，在回信中说："我所寄出的稿件是来要求发表的，你们没有任何权力在论文发表以前就将稿件给同行专家阅览。我认为根本没有必要来回答你们这个匿名审稿人的明显是错误的评论。我现在就决定退稿，将论文发给其他刊物来发表。"

爱因斯坦确实是历史上最牛的论文作者，他直截了当地把这个有名的期刊给拒了。从此以后，他和《物理学评论》这个刊物一刀两断，再也没有在上面发表任何文章。很快这篇错误的论文又被投给了费城的《富兰克林研究所所刊》。这个刊物承诺对爱因斯坦的文章不进行审稿、不加以修改，可以直接发表。

过了几个月，爱因斯坦正在准备作一个讲座，介绍引力波不可能存在的理由。就在讲座开始的前一天，他突然发现自己写作的论文有错误，不过一时之间又找不到解决错误的方法，不得不在讲座上表示："如果你们要问究竟引力波存在不存在?我的回答是我不知道，但是这是一个非常有意义的问题。"这次讲座以后他将发给《富兰克林研究所所刊》的论文题目修改为《论引力波》。11 月 13 日爱因斯坦写信给刊物编辑，解释他最近发现他们提交的论文有严重错误，需要进行根本性的修改。1937 年 1 月，经过改写以后的爱因斯坦和罗森的新论文在这个刊物上发表。在这篇论文中，爱因斯坦已经对引力波不存在的观点进行了更正。

在这个事件发生的八十年以后，经过更新升级之后的美国激光干涉仪引力波观测台检测到了一个由两个黑洞并合所发出引力波的信号。介绍这个里程碑式的重要发现的论文并没有发表在《科学》或《自然》这样的顶级刊物上，而是发表在当年评审爱因斯坦错误稿件的《物理学评论》上。

一直到 20 世纪 50 年代，引力波在物理学界都没有获得明显的关注。在那段时间，物理学家一直在寻找一种更好的理论来代替广义相对论。他们期望新理论能更好地解释量子理论和宇宙学的新发现，并能更好地解释宇宙的进化过程。

1955 年，76 岁的爱因斯坦因腹部主动脉瘤破裂而去世。一个天才物理学家结束了他的研究生涯。在他死后，令人吃惊的是，美国十分有名的普林斯顿医院的一名医生居然私自将他的大脑从遗体上偷走保存了好多年，而且这种行为至今并没有受到任何一个人的公开谴责。遵照爱因斯坦本人遗嘱，他死后没有举行任何丧礼，没有坟墓，也没有纪念碑，骨灰撒在一个永远保密的地方，目的是不让埋葬他的地方成为一个圣地。

03 光线的弯曲

图 8　光线在大质量物体边缘的偏转

引力波是爱因斯坦丰富的想象力和严谨的数学运算相结合的产物。在爱因斯坦眼中，广阔无垠的宇宙中一维时间和三维空间合起来就如同一幅平整的布匹一样，但是当在时间和空间中存在高度集中的质量或能量时，这些质量或能量就会使它附近的时空发生卷曲（图 8）。从另一个角度来说，时空的卷曲会引起引力。当这种卷曲非常小时，会产生如同太阳系内各个星球之间存在万有引力这样可以用经典力学来进行解释的现象，这就是牛顿和开普勒所描绘的经典行星世界的运动规律。而当这种卷曲很强的时候，它的表现形式就会发生非常大的变化，呈现出非常强的非线性形式。在某一个时空点上有可能产生数学意义上的奇点。所谓奇点，就是在时空中有病态性质的、不连续的坐标点。在我们的宇宙中，黑洞所对应的就是一种奇点。这时时空的进一步卷曲可以从时空的自身卷曲产生，而不需要任何附加的质量或能量的存在。这就是爱因斯坦所描绘的宇宙。

时空卷曲的一个表现就是光线经过集中质量附近时会产生弯曲。光线弯曲并不是广义相对论所独有的预言。早在 1704 年，牛顿就提出大质量物体可能会使有质量的粒子轨迹弯曲，而他本人认为光线就是这样的粒子，所以大质量的存在可以使光线发生很小的弯曲。一个世纪以后，拉普拉斯也独立提出类似看法。1804 年，德国慕尼黑天文台的索德纳根据牛顿力学，把光子当作有质量的粒子，经过计算，预言了光线经过太阳边缘时会发生 0.875 角秒的偏折。之后光的波动说占据上风，牛顿和索德纳的预言并没有被认真对待。

1911 年，身为布拉格大学教授的爱因斯坦开始在狭义相对论框架内计算太阳对光线弯曲的影响。当时他算出在日食时太阳边缘星光将会偏折 0.87 角秒。1912 年，爱因斯坦提出时空是弯曲的。1915 年，在柏林普鲁士科学院任院士的爱因斯坦把太阳边缘星光的偏折量重新修正为 1.74 角秒。

关于质量的存在会使时空产生曲率变化的证明，不得不说一下英国的爱丁顿教授。1912 年，30 岁的爱丁顿成为剑桥大学天文及实验哲学教授。1914 年，他被聘为剑桥天文台台长。除了这些职务外，1909 年，爱丁顿曾被派往马耳他去测定那里一座观测站的准确经度，1912 年他还领导过一支派赴巴西的日食观测队。自从爱因斯坦提出引力波理论以后，在英国的天文学家、物理学家、数学家中，爱丁顿爵士是第一个用英语宣讲相对论的科学家。当时第一次世界大战正在激烈进行，英国人根本不清楚德国在科学上的进展，而爱丁顿在 1919 年发表了《重力的相对论报道》，向英语世界介绍了爱因斯坦的广义相对论。

当时的皇家天文官弗兰克 · 戴森打算组织两支日食观测队，在 1919 年的日食期间直接验证爱因斯坦的预言。显然爱丁顿是领导其中一支观测队的合适人选。但这时出现了一个麻烦：英国已经开始征兵，而爱丁顿作为一名贵格会教徒，是一名真正的反战者，公开拒绝服兵役。经过与科学研究所和内务部的多次交涉，戴森终于找到了一个折中的解决办法，就是让爱丁顿推迟服兵役，主要的条件是：如果战争在 1919 年 5 月前结束，他就将领导一支观测队，去检验有关光线弯曲的预言！

爱丁顿坚信广义相对论，他认为星光经过一个质量很大的物体比如太阳附近时，由于时空的弯曲，就会发生光线弯曲的现象。不过太阳光非常强，要观测太阳附近的星光一般十分困难。爱丁顿有观测日食的经验，所以他认为在日全食时，应该可以观测到这种光线弯曲的现象。

一战结束后，英国政府资助了在发生日全食时观测太阳附近星光以检验光线弯曲的项目。英国人为发生在 1919 年 5 月 29 日的日食组织了两个观测远征队，一队到巴西北部的索布拉尔，另一队到非洲几内亚海湾的普林西比岛。爱丁顿参加了后一队，他的运气比较差，日全食发生时普林西比的气象条件不是很好。1919 年 11 月，两支观测队的结果都被归算出来：索布拉尔观测队所获得的光线偏折角是（1.98 ± 0.12）角秒；普林西比队获得的光学偏折角是（1.61 ± 0.30）角秒，两个数值均十分接近爱因斯坦新修正的偏折角大小。

1919 年 11 月 6 日，英国皇家天文学会和皇家学会联合举行大会，大会上天文学家罗伊尔郑重宣布：“星光确实按照爱因斯坦引力理论的预言在经过太阳边缘时发生了所预计的偏折。”第二天，历来十分谨慎的英国《泰晤士报》赫然出现醒目的标题文章《科学中的革命》，两个副标题分别是“宇宙新理论”以及“牛顿观念的破产”。同年 12 月 14 日，《柏林画报》周刊封面刊登了爱因斯坦的照片，标题为《世界历史上的一个新伟人：阿尔伯特 · 爱因斯坦》，称他的研究是自然科学观念上的一次革命，其成就可以与哥白尼、开普勒、牛顿比肩。不过真正精确的光线偏折角的观测是在半个世纪以后。

后来，在 1922 年、1929 年、1936 年、1947 年和 1952 年均相继发生日全食，各国天文学家都组织了检验光线弯曲的观测，所公布的结果与广义相对论的预言有的符合得较好，有的则严重不符合。但不管怎样，到 20 世纪 60 年代初，天文学家开始确信太阳对星光确有偏折现象，并认为爱因斯坦预言的偏折量比牛顿力学所预言的更接近于观测结果。同时广义相对论的预言与观测结果仍然存在偏差，爱因斯坦的理论仍然可能需要修正。另一种引力理论——布兰斯－迪克理论认为，光线真正的偏转量比爱因斯坦的计算值小 8%。

1973 年 6 月 30 日，毛里塔尼亚的日全食是 20 世纪发生的日全食中时间第二长的一次，当时太阳位于恒星最密集的银河背景下，十分有利于对光线偏折角进行检验。美国人为此在毛里塔尼亚的欣盖提建造了专门用于观测的绝热小屋，并为提高观测精度做了精心准备，譬如把暗房和洗底片液保持在 20°C 低温，并对整个仪器的温度变化进行监控。在拍摄了日食照片后，观测队封锁了小屋，用水泥封住了望远镜上的止动销，并于 11 月初回去拍摄了比较底片。他们用精心设计的计算程序对所有的观测量进行分析之后，得到太阳边缘星光的偏折是 (1.66 ± 0.18) 角秒。这一结果再次证实广义相对论的预言比牛顿力学的预言更符合观测结果，但是这个偏折角仍然难以排除此前已经提出的布兰斯－迪克理论的小偏差。

光学观测的精度似乎到了极限，人们想到通过观测太阳对射电波的偏折来检验广义相对论的预言。这样的观测从 1970 年就开始进行了。1974 年到 1975 年间，福马隆特和什拉梅克利用甚长基线干涉技术，观测了太阳对三个射电源发出的射电波的偏折角，并在 1976 年得到太阳边缘处射电源的微波偏折角为 (1.761 ± 0.016) 角秒。终于，天文学家以误差小于 1% 的精度完全证实了广义相对论的预言。1991 年，科学家利用多个天文台协同观测的技术，以万分之一的精度再一次证实了这个预言。

04

时空卷曲的其他效应

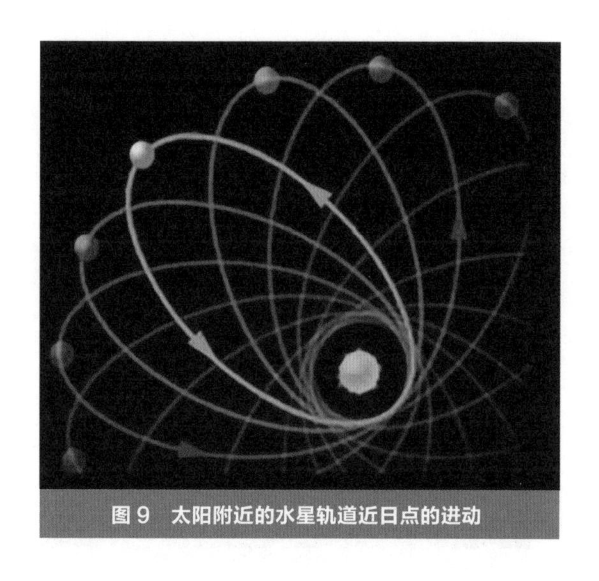
图 9　太阳附近的水星轨道近日点的进动

时空卷曲的一个重要表现是，在太阳附近的水星绕太阳旋转时，它的椭圆轨道的长轴的位置会产生一个相对牛顿力学所估计长轴角度的小增量，这种长轴角度的微小变化被称为近日点进动（图 9）。1846 年，法国著名天文学家勒维耶通过对天王星的轨道扰动计算，预言了海王星的存在。1877 年他在解释水星进动时，认为在太阳和水星之间还可能有一颗叫火神星的行星。在他死后，这颗理应出现的行星一直没有被观测到。水星进动现象直到 1916 年才由爱因斯坦进行解释。在爱因斯坦看来，太阳的存在引起了空间弯曲，而水星就是在这种弯曲的空间中运动的，所以它的轨道近日点会慢慢地产生进动。除了水星，地球和火星也同样存在近日点进动的现象。

到 1955 年，实际观测到的水星进动为 (42.56±0.94) 角秒，而广义相对论所预测的为 43.15 角秒。实际观测到的地球的进动为 (4.6±2.7) 角秒，而广义相对论所预测的为 3.84 角秒。人们当时对火星的进动没有测量数据，而广义相对论所预测的为 1.35 角秒。

时空卷曲还有另一个表现，那就是地球上高山地区的时钟要比低凹地区的时钟慢一点点，同时射向地球方向的电磁波会产生一个非常小的波长变化，引起一个十分微小的红移量。1960 年，哈佛大学以千分之一的精度测出了垂直下落的伽马射线在频率上的变化。1976 年，一台精度为千万亿分之一的超稳定时钟被带上飞机，科学家测出了高空中时间与地面上时间的差别。

质量在空间引起引力，在牛顿体系中引力是一种力，它以无穷大的速度来影响引力场中的物体。在爱因斯坦理论中引力是时空的曲率，是四维时空中的一个几何量（图 10）。

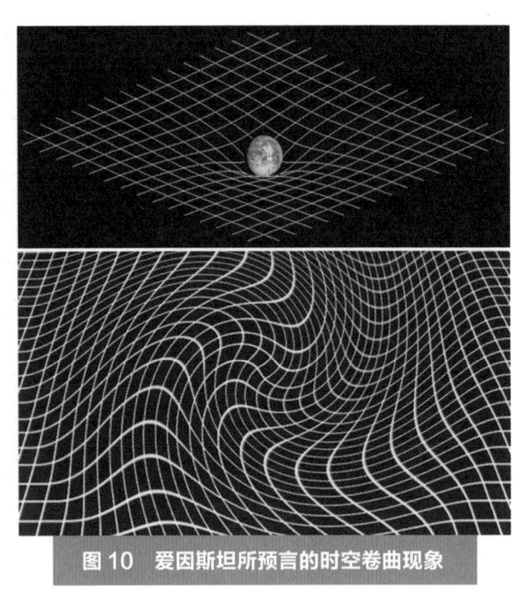

图 10　爱因斯坦所预言的时空卷曲现象

一般情况下，质量的存在会引起时空场的曲率变化，不过这种变化十分微小，很不容易被探测到。但是当时空曲率非常大时，时空就会产生非线性的效应，宇宙空间中的黑洞就是这种非线性效应的表现。从时空场角度来看，黑洞的所在地就是时空场中的一个奇点。在奇点附近，这种非线性会使奇点周围的曲率发生非常不规律的变化。

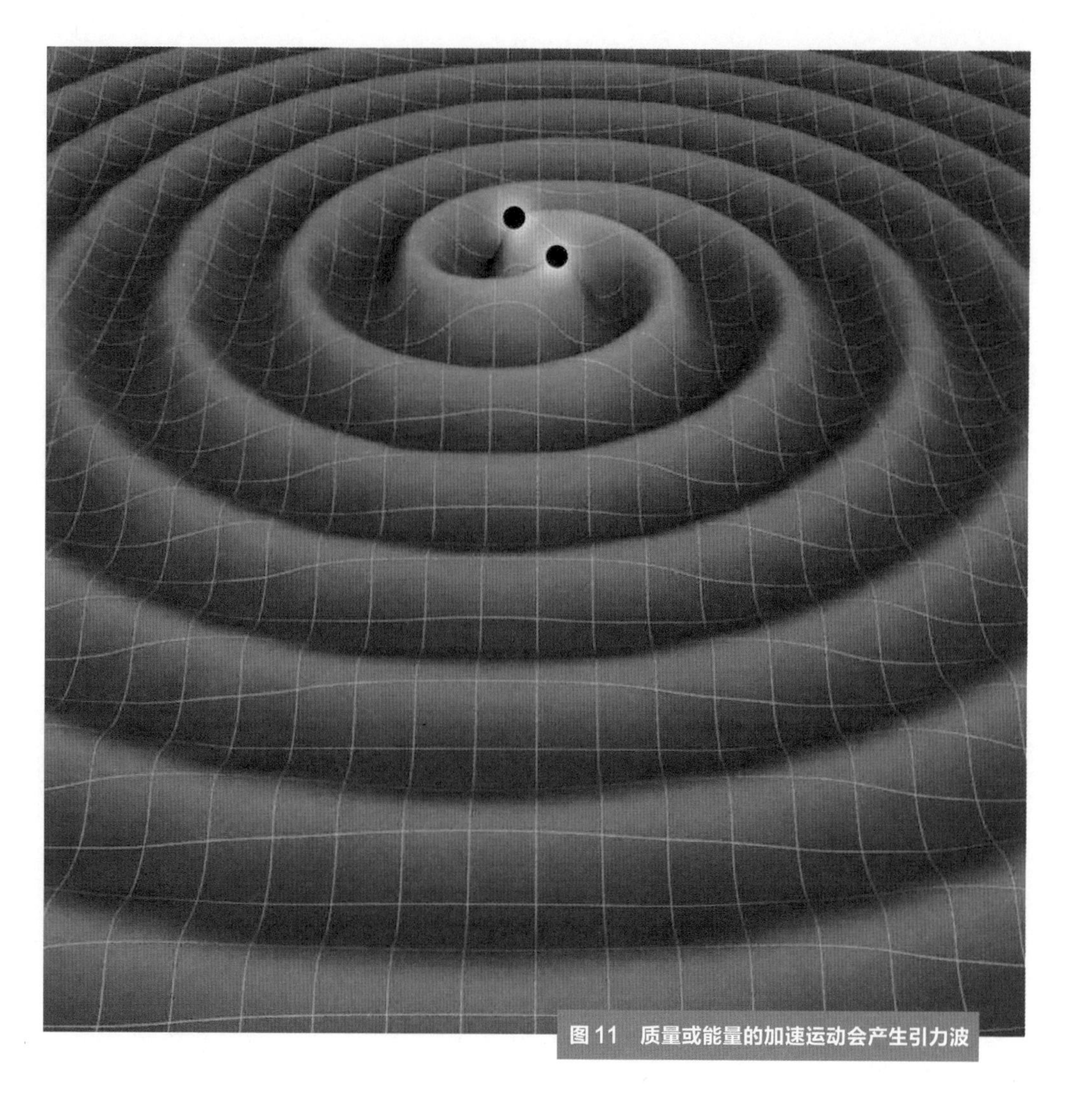

图 11　质量或能量的加速运动会产生引力波

在特殊情况下，当时空曲率迅速变化时，也就是说引起时间和空间卷曲的集中质量或能量位置不断变化时，时空的卷曲现象就会以光速迅速地向四周扩展出去，这就和池塘中水波的传播类似，这种时空卷曲的传播所产生的波动就是引力波（图 11）。

引力波在传播时会使它经过的时空产生短暂变形。这种空间距离的变形量非常小，不过是可以探测到的。1916 年，爱因斯坦在提出相对论时就已经预见了一些会产生引力波的情形。他曾经对一个双星系统所发出引力波的能量进行认真计算。双星系统是当时可能想象得到的最强的引力波源。然而通过计算，他大失所望，发觉这样产生的引力波的能量依然微乎其微，对我们时空的尺寸几乎没有任何实际的影响。2015 年，人类首次探测到的引力波来自双黑洞的并合，这种情况下引力波引起的空间距离的变化量要大一些。

05

引力波的性质

在自然界中，水波、声波和电磁波是人们所熟悉的几种波动形式。水波和声波是由于粒子振动所引起的，它们均是机械波。水波 (图 12) 的振动形式比较复杂 , 粒子振动方向和前进方向垂直的分量以横波的形式在水面上传播。而在声波中，空气分子振动的方向和传播方向一致，称为纵波。水波和声波的传播都必须依靠分子的振动来进行。因此，声波不能在真空中传播。地震波则包括横波和纵波两个分量。同等深度，纵波比横波传播速度快。在地下约 3000 米深处，是地核和地幔的分界线，由于外地核是液态的，横波不能在其内部传播，只能沿着分界面来传播，而纵波可以在液体中传播。在地下约 35 千米的位置，有一层特殊的“莫霍面”, 这是地壳和地幔的分界面，地震波经过莫霍面时波速会突然加快。

图 12　水面上传播的水波

电磁波是由于电荷的加速运动所产生的，它的电矢量和磁矢量相互垂直，同时它们也和电磁波的传播方向相垂直。电磁波是一种横波，它不依靠任何物质来传播，可以在真空中传播，也可以在介质内部传播。根据电磁波粒子的能量大小，它们会在介质内部或者在它们的分界面产生多种效应，分别是反射、折射、散射、吸收或者新产出一些粒子等等。研究天体所发出的电磁波，可以使我们了解天体的位置、质量、温度、速度、化学组成以及它们的变化等。

和电磁波类似，引力波是由于质量或能量的加速运动所产生的。对引力波的探索必然会揭示出很多与大质量和大能量相联系的重要天体现象，而这些大质量和大能量现象正是天文学家急切地想要了解的。电磁波会和物质发生作用，会被吸收、被反射甚至被替代。而引力波则不会和物质发生作用，它不会被吸收，至少根据目前的理解，也不会被反射。因此通过引力波，我们可以看到那些隐蔽的、被遮挡的、看不见的、不产生电磁波的而天文学家却急于了解的天体。通过引力波，天文学家甚至可以看到大爆炸初期的天体以及由于它们的运动所产生的低沉而有力的远古回声。

引力波和电磁波有很多相似之处。它们都以光速在空间中传播；它们同样都是横波；它们都是一种物理场。在某些特殊情况下，它们的性质均可以用特殊的粒子来进行描述。

电磁波是通过带电粒子的加速运动而生成的，所以电磁波的性质与产生它的粒子电荷大小和粒子运动的加速度有关。电磁波有各种不同的频率，由于频率不同，电磁波有着各种不同的表现形式。类似地，引力波是通过质量或能量的加速运动所形成的，它的性质也和形成它的质量大小与质量运动的加速度相关。由于质量运动情况的不同，引力波也同样存在着不同的时间频率。

在描述电磁波传播时，可以使用相应的粒子，比如用光子的运动来代替电磁波的传播。光子不带电荷，没有静止质量。在描述引力波传播时，也可以用引力子表示。同样，引力子也不带电荷。不过这种用粒子表示引力波的理论目前并没有得到完全认同，其中一个重要问题是这种粒子在静止时究竟有没有能量或者质量。

为了证实引力波的存在，必须测量引力波所引起的效应。在广义相对论中这个工作取决于如何来选择所使用的坐标系。在物理学中，最常用的坐标系是直角坐标系，但是这种坐标系不一定是在物理意义上最方便的坐标系。针对这种情况，1956 年皮拉尼在波兰的一个刊物上发表了一篇论文《黎曼张量的物理意义》。在这篇文章中，坐标系的选择采用了一种非常实用的方法，这样当引力波向前推进时，将会使粒子的位置来回反复不停地变化，形成一个可以被测量到的物理量。这是探测引力波的理论基础，这篇文章也因此成为一篇经典论文。

在电磁波中，由于交变电场振动方向不同，存在着不同的极化偏振。和电磁波相似，引力波也存在着不同的极化偏振。用比较形象的术语来描述，平坦的时间和空间场是一个各向同性的坐标系，这个坐标系可以用一个完全对称的圆球面来表示。在受到引力波影响的情况下，时空场就不再是完全对称的，这时场在某一个方向上会不断地压缩和扩张，而同时在与其垂直的方向上则会不断地扩张和压缩（图 13）。时空场如同一个形状不断变化的球体，从一个球面变成椭球面，再返回到完全对称的球面，然后变成长轴在其垂直方向上的另一个椭球面，如此不断地向外空间传播。一般来说，引力波前进方向和时空场变形方向正好互相垂直。

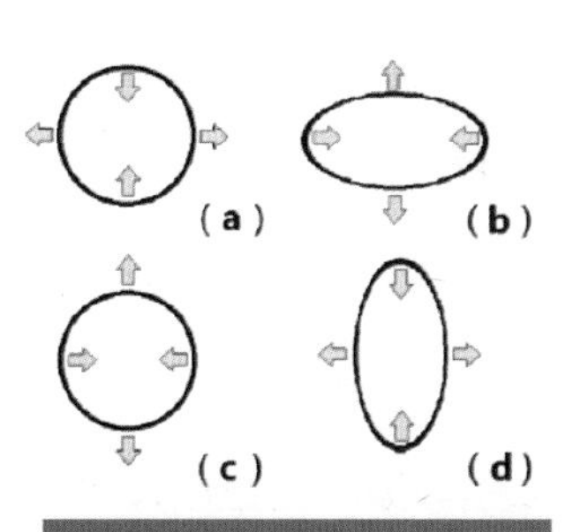

图 13　当引力波垂直于纸面传播时，位于一个圆圈上的粒子位置随时间的变化

目前的理论认为引力波存在两个极化方向（图 14)。一个是时空所产生的压缩和扩张与坐标轴方向相平行。如果在空间坐标系中，引力波是在 y 轴上传播，那么这时时空压缩和扩张的方向就是在 x 和 z 轴的方向上，可以记为引力波的十字型偏振分量；而另一种偏振模式中时空的扩张和压缩则是在

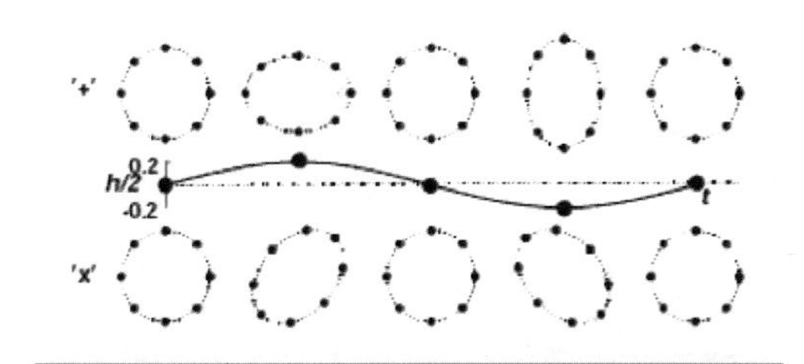

图 14　引力波的两种偏振形式：十字偏振和 X 偏振

与 x 和 z 轴夹角为 45 度的方向上，这种偏振记为引力波的交叉型 (X 型) 偏振分量。任何引力波都是由这两个分量组成的。不过引力波真正的传播波形至今仍然没有完全确定下来，人类对引力波引起的很多现象仍在探讨研究之中。

如果要测量引力波通过与否，可以在垂直于引力波通过的方向上，监视在一个圆环上的粒子，看它们之间距离是否会反复地变大和变小。注意这里的粒子是自由粒子，而不是一个弹性尺子的两个端点。从理论上讲，标准尺子是不受引力波影响的。

尽管引力波和电磁波存在十分相似的地方，不过可以肯定地说，引力波和电磁波是两种完全不同的波动形式。首先广义相对论所描述的引力波所满足的方程是非线性方程，而电磁波所满足的方程是线性方程。非线性方程的求解要比线性方程困难得多。不过在引力波很弱的情况下，可以用线性方程近似地代替非线性方程。同时，基于质量运动所产生的引力波要比基于电荷运动所产生的电磁波微弱很多，所以引力波的能量也要比电磁波的能量微弱很多。据估计，引力波的能量只有相对应的电磁波能量的 10^{-38}，因此只有天文级大质量的加速运动才能够产生可以探测到的引力波。

不管是电磁波还是引力波，它们的接收器的大小常常和产生它们的电荷或者质量的尺寸相近，所以所有的电磁波接收器尺寸一般都比较小，而引力波探测器则是十分庞大又非常精密和昂贵的仪器。引力波能量非常微弱，它们需要尺寸庞大的接收器来探测，它们和物质几乎不发生任何作用，这些特点使得引力波的探测工作困难重重。

电磁波可以和自然界中很多物质发生作用，而在电磁波之间，除了相干外，一般很少发生相互作用。和电磁波不同，引力波虽然几乎不和任何其他物质发生作用，但是在引力波之间则会发生相互作用。可以这样说，引力波几乎是无声无息地通过地球而不为人们所觉察。

由于电磁波和物质之间存在一定的相互作用，人类可以发展各种各样的探测器来捕获不同频率的电磁波，将它们在较大空间中的能量集中起来，以利于对一些十分微弱的信号进行测量。相比之下，人类既不能将非常微弱的引力波集中起来，也很难直接对引力波进行测量。所以早期天文学家只能够利用间接的方法来证实引力波的存在。

06

引力波存在的证明

尽管天文观测证实了光线在太阳质量的影响下会产生相对论所预计的偏折，这个事实只证明了质量块的周围空间有卷曲的现象，而引力波的产生还需要质量块的加速运动。所以在 20 世纪中期以前，引力波的存在仍然仅仅是一个理论，并没有被任何观测所证实，这期间引力波对天体物理的发展几乎没有任何实际推动。这一尴尬的局面终于在 20 世纪 70 年代被打破，天文学家第一次通过对脉冲双星的观测间接证明了引力波的存在。

质量的存在会引起时空场的弯曲，质量的加速运动会产生引力波。但是根据动量守恒定律，一个质量在某一方向上的加速必然会伴随着另一个质量在相反方向上的加速。而它们的动量，即速度和质量的乘积应该在两个方向上完全相等。从这个意义上讲，这两个质量所产生的引力波也可能会完全抵消。不过如果两个质量的运动并不是在同一直线上，那么这种抵消就不是完全的，从而可能产生引力波。

产生引力波的一种典型方式是质量体的旋转。质量体可以是单一的质量块，也可以是一对互相吸引的质量对。引力波的释放能力和运动质量的四极矩相关，质量块的四极矩愈大，释放出来的引力波就愈多。所谓四极矩，是一个物体偏离圆球形的程度。圆球形的质量所具有的四极矩为零，而任何偏离圆球形的质量块四极矩都不为零。从这个理论出发，双星系统，特别是当它们之间的距离非常接近，即将并合的时候，就会产生并辐射出相应的引力波。根据研究和计算，中子双星在它们的并合阶段会产生可以探测到的较强的引力波辐射。

黑洞具有很大的质量，所以双黑洞系统在它们即将并合的时候也会产生很强的引力波。在黑洞附近和它的内部，质量的运动呈旋涡状，它们的运动速度非常高，所以在黑洞将邻近星球吸入体内的过程中，也应该有相当能量的引力波辐射出来。超新星、宇宙弦和宇宙畴壁等等都会产生引力波的扩散，成为可能观测到的引力波源。宇宙弦是指物质在宇宙中分布排列所出现的物质弧线，是一种不断振动的早期宇宙单元。宇宙畴壁是指相邻的不同能量的暗物质单元之间的过渡区域。

图 15　脉冲星就是体积小而密度十分巨大的中子星

1967 年，英国女博士生贝尔和她的导师休伊什发现了脉冲星（图 15），这个发现使休伊什获得了 1974 年的诺贝尔物理学奖。脉冲星是印度天文学家钱德拉塞卡年轻时所预言的有着明显质量极限的中子星。中子星的前身的质量和体积都非常大，相当于 8 个太阳的质量。但是在它的爆发坍缩过程中，产生了巨大的压力，不仅原子的外壳被压破了，而且连原子核也被压破了。原子核中的质子和中子被挤压了出来，质子和电子在一起结合成中子。最后，所有的中子十分密集地拥挤在一起，形成了中子星。显然，中子星的密度非常高，即使是由原子核所组成的白矮星也无法和它相比。在中子星上，每立方厘米物质足足有一亿吨甚至十亿吨重。中子星的直径却只有10千米左右，是太阳的七万分之一。中子星周围存在着非常强的引力场，同时存在着很强的磁场。中子星还会以很高的频率不停地自转，并且从磁场两极不断喷发出波束很窄的射电辐射。

1973年，对天文学家来说，脉冲星仍然是一个新课题。那时23岁的博士生赫尔斯刚开始他在麻省大学的研究生生涯，他的导师是32岁的泰勒。泰勒建议赫尔斯把搜索脉冲星作为他博士论文的题目。由于脉冲星的脉冲宽度很窄，只有脉冲方向正好对着望远镜时，天文学家才能发现它，如果使用小口径射电望远镜，这种机会少之又少。为了提高搜索效率，赫尔斯申请使用位于波多黎各的300米直径阿雷西博射电望远镜来寻找新的脉冲星。利用这个当时世界上口径最大的射电望远镜，他的工作进展很快。1974年，赫尔斯就发现了一颗脉冲双星，这是一颗中子星和它的一颗伴星在引力作用下相互绕行而组成的。脉冲星的表面引力场很强，比太阳表面的要强十万倍。经过精确的测量，这个脉冲双星的脉冲周期为59毫秒，轨道运行周期为7.75小时。根据爱因斯坦的推算，脉冲双星在运动中会向外不断辐射引力波，这种引力波辐射所引起的能量损失会使脉冲双星的公转周期越来越小。赫尔斯对这颗双星的公转周期进行了非常精确的不间断跟踪测量，他发现这个双星系统的公转周期随时间推移而在非常缓慢地不断减少。

这个脉冲双星的转动周期在后来15年的时间内整整减少了20秒（图16）。不过在7.75小时的周期中能发现20秒的减少，如果不是有心人有备而来，也是很难测量出来的。周期的减少意味着能量的流失，赫尔斯的测量使泰勒恍然大悟，这个流失的能量正是脉

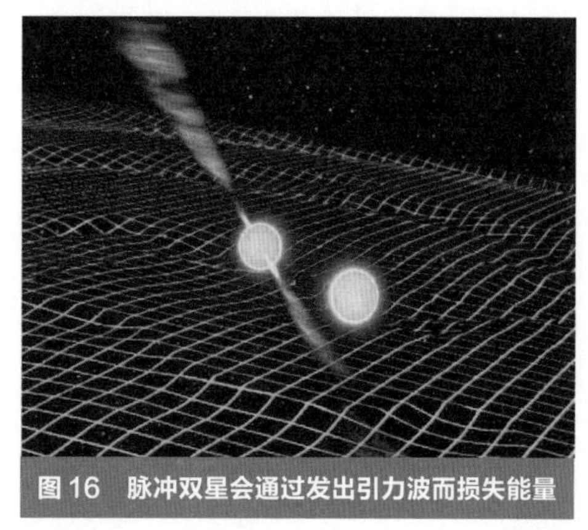

图16　脉冲双星会通过发出引力波而损失能量

冲双星发出的引力波所携带的能量，原来他们观测到了爱因斯坦所预言的引力波现象。

1989 年，泰勒和韦斯伯格发表了利用对脉冲双星的观测来验证引力波存在的文章，连同他们和赫尔斯的相关论文，利用观测到的脉冲双星的周期随时间的微小变化精确计算了双星系统损失的能量以及在这期间双星系统所产生引力波的能量，指出这种双星运动的周期变化所对应的能量损失正好等于这个系统所释放引力波的能量。这是对引力波存在的第一次间接证明。它的意义之大是不言而喻的。1993 年，泰勒和赫尔斯因为他们对脉冲双星的观测和对引力波能量的计算而双双获得诺贝尔奖。

在引力波的存在被间接证实的消息的鼓舞下，天文学家梦想着去直接捕捉引力波辐射。天文学家对可能到达地球的引力波的特征振幅进行了详细估计，发现它们的数量级十分微小。所谓特征振幅值就是指引力波通过时所引起的时空场的相对位移量，或称为应变量。

举例来说，一个质量 500 吨的大铁棒飞速旋转时，会产生一个特征振幅约为 10^{-40} 的引力波。这个非常微小的空间尺度的变化，人类在可以预见的将来是测量不出来的。假如在我们临近的室女座中有一个中子双星，当双星发生并合时会产生引力波，这个引力波传播到地球表面时的特征振幅大概是 10^{-21} 量级。这个数值尺度仍然非常微小，但是对于现代精密测量手段来说，是有可能测量出来的。

据天文学家估计，可预见的引力波在到达地球时的最大特征振幅大概在 10^{-20} 左右，其中黑洞和不对称的超新星所发出引力波会具有较大的特征振幅，而中子双星所发出的引力波则具有较小的特征振幅。这些重要数据是天文学家建造十分昂贵的引力波天文望远镜的重要依据。

根据引力波传播的特点，引力波在地球表面的特征振幅与引力波源到地球的距离成反比。对于距离地球小于 3.26 亿光年的引力波源，它们在地球上的特征振幅

值应该在 10^{-20} 和 10^{-22} 之间。对于双星型的引力波源，引力波的频率和它们的旋转周期即它们之间的距离相关。对于相互之间距离仅仅为 100 千米的双星，它们的公转周期大约是几秒，引力波的频率大概是 100 赫兹。对于距离更小的双星，比如相距 20 千米的双星，它们的周期更小，产生的引力波频率在 1000 赫兹左右，所以引力波的波长大概是几十千米的量级。有了这些数据，天文学家就可能有的放矢地来搜捕这种十分微弱的引力波。

为了对很小的尺寸有一个数字概念，我们可以列出几个典型微小尺度。根据现有的量子理论，永远测量不出来的最小长度单位是普朗克长度，这个长度大约是 10^{-35} 米，它远远小于电子的尺寸。而电子的尺寸大约是 2.8×10^{-15} 米，质子或者中子的尺寸大概是 8.7×10^{-16} 米。而原子或者离子的尺寸则要大许多，大约是 1×10^{-10} ~ 2×10^{-10} 米。这里需要说明的是所有的原子、质子和电子都处于不停的运动之中，它们没有一个确定的大小，它们的尺寸大小是从两个临近粒子所可能的最小中心距离中估计出来的。而 10^{-20} 的特征振幅就相当于在 1 米距离上去发现一个电子尺寸十万分之一的尺度变化。

07

韦伯和他的“韦伯棒”

1949年1月19日，美国出现了一个私人基金会，名字是引力研究基金会。这是由一个名叫巴布森（1875-1967年）的富人投资建立的，至今仍然在运行。巴布森之所以要成立这个基金会，有两个原因。一个是巴布森在股票市场上根据他自己发明的所谓“牛顿引力定律”——股票既然能够上去，也必然最终会跌落下来——买进正在上升的股票，而在股票下跌之前就抛售出去，因此躲过了1929年的华尔街股票灾难，发了一笔大财。另一个原因是巴布森的一位姐姐在很小的年纪落水死亡，按照巴布森的说法是他的姐姐不能够战胜地球引力，因此他急需一种能够摆脱或者控制引力的方法。

这个基金会的常规工作就是每年举行一次论文比赛，论文的长度不超过2000字。每篇获奖论文的奖金是1000美元。巴布森需要的论文内容是如何屏蔽、反射或者吸收地球重力，制造出想象中的所谓“爱迪生发明的”可以反抗重力、能够使人漂浮起来的外衣。巴布森本人根本不懂科学，在他们挑选的论文中，甚至还有论述圣经中耶稣在水上行走来反抗重力的文章，所以这个基金会被当时的科学界人士称为 20 世纪中最没有作用的科学项目。

1953 年，当时在伯克利大学而后转到北卡罗来纳大学的一个理论物理教师迪维特写了一篇批评这个基金会的文章。他在这篇文章中说：“要想驾驭重力，对重力的基本性质完全不了解是不可能的。而最重要的事实是：在现在，即使是最聪明的人，他们对重力的基本特点仍然是十分无知的。”想不到这样一篇非常尖锐的文章也获得了论文比赛的 1000 美元奖金。

受到这篇论文的批评以后，巴布森这个基金会改变了和科学界脱离的格局，联合另一个名叫巴森的富人，于 1957 年成立了一个场物理研究所，用于支持学界对引力的研究工作。这个研究所成立后的第一件大事就是在同年组织了于教堂山召开的国际引力大会，这个大会吸引到了包括费米在内的很多重要物理学家的参加。参加这个会议的还有后来醉心于引力波测量的马里兰大学教师韦伯。在会议上物理学家达成两个共识，一个是引力波确实存在，另一个是引力波确实带有能量。从此以后，引力波的测量就被提到议事日程上来了。

韦伯于 1919 年出生在新泽西州一个犹太籍家庭，父亲是从拉脱维亚来的普通移民。在经济大萧条的年代，他卖过糖果，一天只能挣一美元，后来他自学修理无线电，收入一下子增加到原来的 10 倍。高中毕业后，为了节省学费，韦伯进入一所免费的专科学院学习，很快他发现在军事学校学习不但免学费，而且还有工资，于是又转入美国海军学院。

1940 年，韦伯从海军学院毕业，先后在美国航空母舰和驱逐舰上当兵服役。1943 年，韦伯进入海军研究生院专修电子学，1945 年在海军造船局研究电子对抗。1948 年，韦伯进入马里兰州立大学工程系，一边完成博士论文，一边担任教职。1951 年，他从美国天主教大学获得博士学位，成为工程系教授。1955 年，韦伯在普林斯顿大学和欧洲访问了一年，还参加了在教堂山举办的引力学科的专门会议，很快就迷上了对引力波的研究。因为这个兴趣，韦伯回到马里兰大学后，立即从工程系转到了物理系，并且开始发表关于引力波探索的论文。

韦伯认为由于引力波的传播，整个时空在与引力波传播方向相垂直的时空平面上的尺度会有规律地扩展和收缩。这就引起身在其中的物体的微小振动，所以引力波可以通过测量物体的应力和应变来进行观测。大约在 1958 至 1959 年间，韦伯开始研究引力波的探测问题。

韦伯的引力波探测器就是一个悬挂着的谐振器，当引力波路过这个装置时，谐振器就会长时间地不停振动。一开始，他计划采用一大块单晶体来制造引力波探测器，后来他发现并不需要使用整块晶体，重要的是材料振动衰减时间要很长，就像音叉材料一样，受到振动后会长时间地保持振动的振幅不变。在物理学上，这要求材料的品质因子很大。品质因子是材料在振动中所储存的能量和每一个周期所消耗的能量之比，它的值等于材料的阻尼系数的倒数。

1960 年，韦伯在《物理学进展》上发表了他的第一篇论文，这时他已经制造出了他的“韦伯棒”——世界上的第一台所谓的引力波望远镜。“韦伯棒”是一个直径 0.66 米、长度 1.53 米、重量 3 吨的用钢绳悬挂着的巨大实心铝圆柱体（图 17），悬挂的支架也安装了隔离和防止振动的装置。在这个圆柱体的表面安装有很多应力和应变传感器，这些传感器用来测量在引力波影响下铝圆柱所产生的应变情况。整个装置放置在真空室内。这个铝圆柱的材料和音叉一样，具有很高的品质因子，它可以在自振频率上振荡很长时间。这个圆柱体的谐振频率为 1660 赫兹，之所以取这个数字，是因为这个数和 2π 的乘积正好是 10000。

图 17　“韦伯棒”

1967 年，韦伯在《物理学评论》上发表了他在 1965 年到 1967 年间探测到的 10 次引力波数据。在韦伯的实验中，一共使用了三个圆柱体探测器。他的第二个探测器尺寸较小，但是谐振频率也是 1660 赫兹，安装地点与第一个铝圆柱体相隔 3 千米。第三个探测器尺寸更小，频率也较低。在他记录的一些事件中，第三个探测器没有产生任何响应。韦伯的引力波探测器是利用质量块在引力波的作用下产生谐振的原理建造的，所以被称为谐振式引力波望远镜。

谐振式引力波探测器的原理就像一个木琴的琴键，而引力波就像一把锤子敲打在木琴琴键上。锤子敲打的时间很短暂，但是琴键会在它的谐振频率上长久不断地振动。这时在铝圆柱体上的传感器就可以记录铝圆柱体的应力应变的变化情况。

由于引力波所引起的应变量非常微小，所以这种引力波望远镜的主要问题是它会受到很多非引力波因素的影响。这些因素包括地震波、宇宙线的影响、环境引起的空气振动、温度变化引起的结构振动以及空气中分子的布朗运动所引起的结构振动等等。地震波因素又包括地球自身振动、人类的活动，如车辆运动所引起的振动，也包括因为雷电所激发的振动，等等。

韦伯将他的铝圆柱用减振弹簧支撑在地下室里，希望排除大部分的噪声。根据估计，单单铝原子的热运动一项所引起探测器的尺度变化就可以达到 10^{-16} 米的水平，这个数值比质子的尺寸还小，却远远高于理论上的所能够探测到的引力波强度。韦伯所记录下来的响应量均远远地超过了实际引力波所应该产生的响应量，所有的记录全部都是噪声，不是真正引力波所引起的应变量。

在 1967 年论文发表 14 个月以后，韦伯又一次发表论文，声明在短短的 81 天之中，他的探测器就探测到 4 次引力波的辐射信号。韦伯计算了这些随机相关事件的发生概率，认为这类事件每 150 天到每 8000 年发生一次。

为了进一步排除干扰振动的影响，1969 年韦伯在距离 950 千米的芝加哥又设置一个同样大小的铝圆柱探测器。当引力波激发铝圆柱产生振动以后，韦伯用一个像地震记录仪的仪器，通过高速的电话线路来同时记录两个铝圆柱体上的响应。只有当两个铝圆柱上同时产生响应时，才记录下它们的各自响应值。这样就可能排除很多其他因素所产生的噪声。同时他使用了经过冷却的电子测试系统，这样他对新的引力波探测结果就更加自信了。

1970 年 7 月，韦伯在《物理学评论》上再次发表论文，声称他已经接收到了来自银河系中心的引力波信号。他声明在 7 个月时间内，总共记录了 311 次引力波事件。韦伯的影响力变得非常大，1971 年《科学美国人》特地邀请他撰写文章介绍他的引力波望远镜。1972 年，他还通过阿波罗 17 号向月球表面送去了一台袖珍的“引力波测量仪”。

不过随着韦伯引力波探测数据的发表，天文学家开始质询引力波所带走天体能量的真正大小。英国天文学家里斯就在《物理学评论》上公开宣布引力波能量不可能达到韦伯测量的那个量级。根据质量能量公式可以很容易地计算出这些引力波带走的质量，如果在银河系中心每年损失 70 个太阳质量的引力波能量，那肯定会产生一些十分明显的天文效应，而韦伯的观测结果相当于银河系的中心每年要损失 1000 个太阳质量，那么银河系就不可能维持现有状态，因为计算表明银河系每年不可能消失超过 200 个太阳质量。里斯认为需要第三方的学者来提供同样的实验结果，在天文学会议上，他和其他天文学家公开宣布韦伯的论文是错误的。

韦伯是一个非常有争议的人物。学术界对他的论文和他的引力波测量结果提出了很多疑问，事实上他的测量结果别人根本无法复制。一名国际商业机器公司的工程师制造了一台和“韦伯棒”完全相同的设备。经过整整半年时间，这个设备仅仅获得一次脉冲，而且很可能是噪声。当时世界上总共有 6 个同一类型的引力波探测器，结果没有一个仪器能够获得像韦伯那样所谓的引力波信号。这些仪器分别属于格拉斯哥大学、莫斯科大学等重量级的学术单位。

1972 年，莫斯科大学观测小组首先发表了负面的观测结果。有一些小组也获得了一些和韦伯相似的数据，但是他们均没有发表任何肯定或否定的看法。在科学上否定一般比较容易，但是有名誉风险，而肯定则要求很高，要排除更多的可能性。不过后来其他小组，包括国际商业机器公司、贝尔实验室、意大利和格拉斯哥的小组也分别发表了书面意见。所有这些单位都已经运行了他们自己制造的棒状引力波探测器。英国格拉斯哥的探测器和韦伯的不同，它是由两个半圆柱组成的仪器，半圆柱之间则分布着供测试的晶体传感器元件。

在韦伯实验中，两个或者更多相距比较远的接收器可以间隔一个固定时间差以获得信号的相关性。这个时间差的选择使事件真实性产生很大问题，因为这些接收器电路之间并不是独立的，它们由电话线互相连接。

韦伯是一个工程师出身的物理工作者，他对于实验数据的处理完全缺乏经验。关于引力波的观测结果，国际商业机器公司的资深工程师在 1973 年剑桥相对论国际会议上当面和韦伯发生激烈争执，这次争论的内容最后以通讯形式发表在《今日物理》期刊上。

1975 年，韦伯开始进行低温“韦伯棒”的研究。不过由于他的低温探测器研究工作进展非常缓慢，后来他用于低温研究的经费也不再逐年增加。

韦伯面对众多质疑，仍然不承认他的观测有问题，甚至在 1987 年他仍然宣称获得了来自超新星 SN1987A 的引力波。不过遗憾的是，尽管韦伯的所有观测成果都已经被证明是噪声，他仍然可以不断地从美国国家科学基金会那里获得资助，他的论文仍然可以在最重要的期刊上不断发表。1992 年，面对来自激光干涉仪式的引力波探测器的竞争，韦伯甚至亲自写信给国会议员，阻止国会对激光干涉仪引力波望远镜的资金支持。2000 年 9 月，81 岁的韦伯因病去世。美国天文学会至今仍然有一个名为“韦伯天文仪器奖”的奖项，而他所制造的第一个引力波探测器陈列在美国激光干涉引力波观测台的大厅之中。

08

第二代引力波望远镜

在韦伯之后，1972 年意大利、澳大利亚和美国分别建造了类似但是更为精确的、在低温条件下工作的铝圆柱体引力波探测器。在中国，中山大学也建造了一台这种仪器。这些新的引力波望远镜引进了更为复杂的地震隔离措施，使用了很多个层次的弹簧、橡胶垫，甚至采用了主动和自适应的振动控制方法。为了排除声音和温度所引起的振动，有的还采用了低温加真空的措施，以减少噪声带来的影响。

1986 年，可以测量量子级应变的超导量子干涉装置开始被应用于谐振式引力波望远镜上，后来又发展出了一些微波式的、感应式的或光学式的精密传感器。尽管如此，这些引力波望远镜的灵敏度只能达到 10^{-18}，仍然远远大于真正可能的引力波的特征振幅。不过如果将这些谐振装置冷却到 0.04 开尔文的话，在理论上它们的灵敏度可以达到 10^{-21} 的量级。同时因为是在低温条件下，可以利用超导体来屏蔽这些引力波望远镜，使得它不受外界的电磁波杂光的影响。使用超导体，还可以使铝圆柱在它的整个长度上获得支撑，不像在常温下需要用几根绳子来悬挂，这些绳子会产生塑性变形、振动及噪声。经过改进后在低温下工作的仪器是第二代谐振式引力波望远镜。

制造低温仪器所付出的代价是极速上升的工程难度和大幅增加的制造成本。液态氦在绝对温度 4 开尔文时会沸腾，而谐振棒式引力波探测器必须工作在 2 开尔文或者更低的温度下。有的探测器甚至工作在极低的 0.003 开尔文。

当时利用低温超导来实现磁悬浮的技术已经取得了显著的进展。所以有些人提出在铝圆柱体的下部覆盖一层超导体，然后利用超导体的磁场排斥能力来实现对圆柱体的悬浮支撑。但是在实际条件下，不太可能将整个圆柱体全部冷却到超导体所需要的温度，所以圆柱体的弹性支撑仍然是非常必要的。

这些工作在低温的仪器尽管较上一代引力波探测器有了很大进步，但是仍然有太多误差，很少有机会能够得到令人信服的引力波的探测数据。在这些仪器中，最有名的是意大利罗马的一个重达 2.3 吨、温度为 0.1 开尔文的圆柱体谐振式引力波探测器。

长圆柱体谐振式探测器对于沿着圆柱轴线传播的引力波十分敏感，但是对其他方向上传播的引力波就不太敏感，而采用圆球形谐振式仪器可以在所有的方向上同时具有很高的灵敏度。圆球形仪器只需要 6 个应变传感器就可以获得全部各个方向上的应力和应变信息。荷兰的莱顿大学和瑞士的日内瓦大学就建成了一个直径 68 厘米的圆球形谐振式的引力波传感器（图 18），这个工程的缩写被称为 MiniGRAIL，英文的意思是小圣杯。

图 18　球形谐振式引力波探测器

现在仍然运行的低温谐振式望远镜还有美国的在 4.2 开尔文工作的仪器、意大

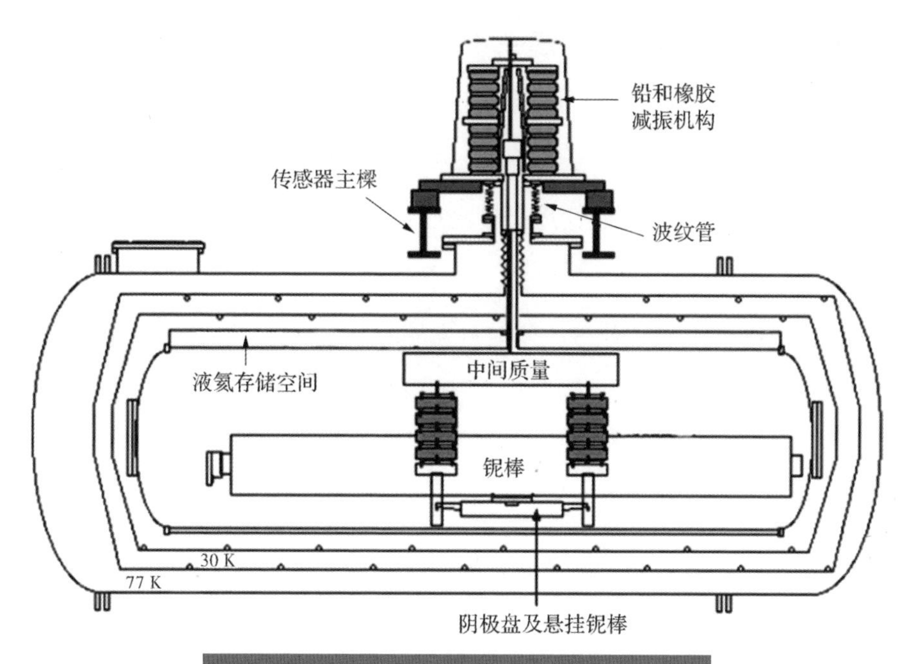

图 19　在低温下工作的第二代谐振棒式引力波望远镜

利的在 0.1 开尔文工作的仪器、瑞士的在 2.6 开尔文工作的仪器、澳大利亚的在 4 开尔文工作的仪器和荷兰的在 0.02 开尔文工作的仪器。如同图 19 所示，所有这些仪器均包括十分复杂的振动隔离和一层一层的低温杜瓦装置。为了实现低温目标，这些仪器的研究、设计和制造花费了将近 20 年时间。1997 年，美国路易斯安那州立大学的 ALLEGRO、澳大利亚珀斯的 NIOBE、意大利罗马的 NAUTILUS 和欧洲原子能局的EXPLORER等低温棒小组联合组成了国际引力事件合作委员会，协调低温谐振棒探测器的观测工作。在斯坦福大学原本也有一个小组，小组的组长是当年有名的迈克耳孙的后代。不过他们的低温装置在 1989 年湾区大地震中受到严重破坏，小组只好在 1994 年停止了这一研究项目。

美国的 ALLEGRO 谐振棒是一个直径 0.6 米、长度 3 米的“5056”铝合金圆柱体，重量为 2.296 吨，谐振频率为 913 赫兹，包括重量 2.1 吨的机械振动隔离体在内的整个仪器均处在 4.2 开尔文的低温室内。ALLEGRO 的振动检测器是一个连接在谐振棒末端的蘑菇形谐振吸收装置。两级弹簧阻尼系统可以稳定谐振棒的位置，将振动放大并传递到蘑菇形的谐振吸收装置中。蘑菇头的位移会引起检测线圈的电感量的变化，并可以使用最精密的超导量子干涉器件（SQUID）来检测出来。

在两个质量块的运动方程中，需要考虑的除了惯性力、弹性力、阻尼力、引力波引起的潮汐力之间的平衡，还包括由于测量头上磁场力的变化所引起的随机产生的朗之万（Langevin）噪声力。

今天，这些十分灵敏和精确的低温制冷谐振式引力波望远镜仍然是下面要介绍的激光干涉仪式引力波望远镜的重要辅助验证手段。激光干涉仪引力波望远镜属于第三代和第四代引力波望远镜。

09

激光干涉仪的减振系统

随着时间的推进，韦伯的声誉变得越来越差。到 20 世纪 80 年代，室温谐振式引力波探测棒已经走到历史的尽头，而低温谐振式引力波探测棒或者探测球仍然面临一系列困难，迟迟不能投入使用。引力波望远镜进入了激光干涉仪引力波望远镜的时代。1992 年，尽管韦伯拼命地写信给美国国会的重要成员，也已经无法阻挡美国国会对激光干涉仪引力波望远镜的坚决支持。激光干涉仪实际上是一种迈克耳孙光学干涉仪。

迈克耳孙于 1852 年出生在波兰，4 岁时随父母移民美国。1873 年，迈克耳孙毕业于美国海军学院，1879 年转到华盛顿的航海年历局工作，1880 到 1882 年在欧洲攻读研究生，先后到柏林大学、海德堡大学、法兰西学院学习，1883 年任俄亥俄州克利夫兰市开斯应用科学学院物理学教授。

1887 年，迈克耳孙和爱德华 · 莫雷共同进行了著名的迈克耳孙 – 莫雷实验，这个实验排除了以太的存在。1889 年，迈克耳孙成为了位于麻省伍斯特的克拉克大学的物理学教授，在这里着手进行计量学的一项宏伟计划。1892 年，迈克耳孙改任芝加哥大学物理学教授，后任该校第一任物理系主任，在这里他培养了对天文光谱学的兴趣。1907 年，迈克耳孙因为发明光学干涉仪获得诺贝尔奖，后来他曾担任美国科学院院长。1920 年，迈克耳孙又转向利用天文光学干涉测量法测量恒星的直径和双星之间的距离这一研究方向，成为天文干涉仪的开创者。迈克耳孙和美国天文学家弗朗西斯 · 皮斯合作，把一台 20 英尺（1 英尺约 0.3 米）的干涉仪放在 100 英寸（1 英寸为 1/12 英尺）反射望远镜前面，构成了恒星干涉仪，用它测量了恒星参宿四（即猎户座 α，一等变星）的直径，这颗恒星的线直径相当大，达到了 2.50×10^8 英里（1 英里约 1.6 千米），约为太阳直径的 300 倍。1931 年，迈克耳孙在测量光速时因为中风而去世。

从 1879 年开始，迈克耳孙就致力于对光速进行测量，由于获得岳父和政府的经济赞助，迈克耳孙有条件改进傅科所使用的方法，前后花了整整半个世纪，用正八面体的反射镜来代替傅科的旋转镜，使光路延长了 600 米，提高了测量精度。1924 年到 1926 年，迈克耳孙获得了最精确的光速数字，为每秒(299796 ± 4)千米。

在韦伯的第一代引力波望远镜的探测失败以后，引力波领域的科学家急切地需要发展一种新的灵敏仪器，用来探测空间位置的微小变化。1960 年，第一台红宝石激光器被发明。20 世纪 70 年代，韦伯的学生建造了一台激光干涉仪的原型。1972 年，麻省理工学院和林肯电子实验室的维斯提出了一个预算 3 亿美元的激光干涉仪式引力波探测器的计划，不过这个计划一开始并没有获得批准。1974 年，维斯的计划变成了一台干涉基线为 9 米的试验型干涉仪，总预算是 5.3 万美元，同时期德国马普研究所和英国格拉斯哥大学也有一些激光干涉仪引力波探测器的支持者。1975 年，维斯和加州理工大学的宋那建立了联系。1978 年，美国科学基金会开始了对维斯项目每年 13 万美元的支持，不久加州理工大学也加入到了激光干涉仪式引力波望远镜的研究工作中。

1991 年，天文学家泰尔森代表美国天文界出席了美国国会关于建设激光干涉仪式引力波望远镜的听证会。他在会上说："在距离天王星1百万倍的距离内，引力波所引起空间距离的变化量还不到一根头发丝的大小。"这个前所未有的引力波望远镜的目的就是要观测这个非常小的空间距离变化。泰尔森为了争取这个项目所需要的2亿美元的经费而来，但是面对一批政治家，他没有能够完成任务。

图20 Virgo是一个臂长3千米的大型光学干涉仪引力波望远镜

图21 干涉基线为600米的激光干涉仪引力波望远镜GEO600

之后，美国、英国、德国和日本分别建造了几个激光干涉仪引力波望远镜的原型，从而推动了美国激光干涉引力波观测台（LIGO）、法国和意大利的室女座引力波探测器（Virgo）（图20）、德国和英国的GEO600（图21）和日本的TAMA300等项目的启动。在这些引力波探测器中，最为雄心勃勃的计划是美国两台臂长达4千米的LIGO，其次就是Virgo望远镜。Virgo属于欧洲引力天文台（EGO），位于意大利比萨。Virgo原意是指室女座星系团，室女座星系团拥有超过1500个星系，距离地球有5000万光年。由于地球上的任何事件均不能产生可以探测到的引力波信号，所以这台引力波望远镜是面向宇宙的。Virgo的激光干涉仪的臂长达3千米，总造价达1.4亿美元，它的目标是每年可以实际探测数次引力波事件，并且实现约为10^{-21}的探测灵敏度，这相当于可以探测到在几千米距离上的两个质量块之间只有10^{-18}米的应变变化。Virgo望远镜在2003年完成，2007年进入试运行阶段，2011年运行中断，并启动Virgo的第二期工程，被称为先进Virgo工程或者aVirgo工程，该工程将使望远镜的灵敏度提高10倍。先进Virgo工程于2016年完成，以后将和高新激光干涉仪引力波天文台（aLIGO，下面简称为“先进 LIGO”）一起进行数据收集工作。处于引力波望远镜第三名位置的是 GEO600，它耗资 7 百万美元，是一个干涉基线为 600 米的激光干涉仪。不过建成于 2020 年的日本的神风引力波探测器（KAGRA）是一个臂长 3 千米的激光干涉仪引力波望远镜，其基线长度已经远远超过了原来处于第三名的 GEO600 的。

经过长时间的争辩，1999 年美国终于正式批准了激光干涉仪式的引力波望远镜 LIGO 的建设，工程总投资达 3 亿美元。虽然相对于当时被美国国会否决的预算达 80 亿美元的超导体超级对撞机项目，这个数字并不是很大，但是它仍然是美国科学基金会所投资的最大的大科学工程之一，超过这个工程的仅仅是曼哈顿工程和阿波罗工程。

根据前面几节的讨论，当引力波经过某一空间时，空间场将按照引力波频率发生周期性的变化，这种空间场的变形将会使得在该空间中两个相隔一定距离的自由质量之间的距离发生变化。当然这种自由质量之间的距离变化非常微小，如果距离为几千米，那么它的变化仅仅是一个原子大小，但是尽管如此，这个信息也要比发生在一个较大的铝圆柱体上面的信息强烈得多。

如果在与引力波传播方向相垂直的平面上有互相垂直的两组质量块，那么当引力波传播时，在某一时刻其中一组质量块之间的距离会增大，同时另一组质量块之间的距离会缩小。随后，前一组质量块之间的距离会缩小，而后一组质量块之间的距离会增大，如此循环反复。当引力波的传播方向与这两组质量块共面，并且和一组质量块的方向相同时，那么在这个方向上的质量块之间的距离就不会产生变化，而在与其垂直的方向上的质量块之间的距离仍然会发生交替变化。如果引力波的方向介于这两种方向之间，那么距离变化的情况也是在这两者的情况之间。总的来说，激光干涉仪引力波望远镜的工作原理也就是基于这种十分微小的空间距离变化之上的。

激光干涉引力波望远镜又被称为迈克耳孙干涉仪引力波望远镜。它的原理是利

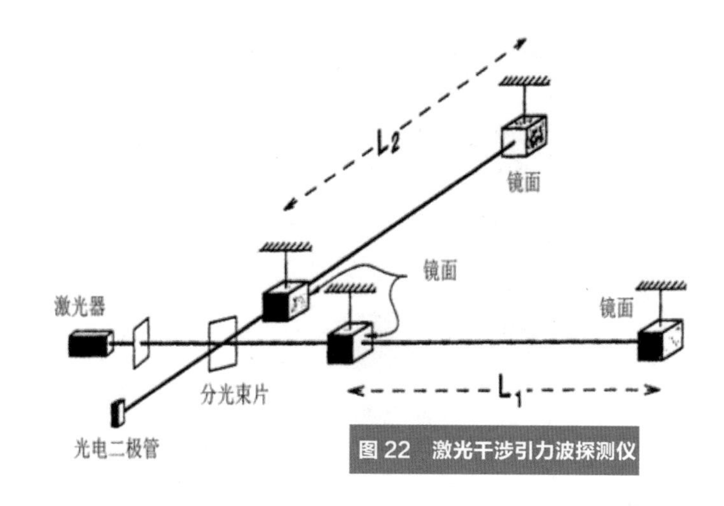

图 22　激光干涉引力波探测仪

用激光干涉测量空间中相互垂直方向上的两组质量块之间的微小距离变化量（图 22）。它的基本结构呈 L 形，包括两个互相垂直、长度完全相等的干涉长臂。这两个长臂的两端分别有两个相当于自由质量块的反射镜面。当功率很大的激光照射在两个长臂上的时候，一个臂上的波峰正好和另一个臂上的波谷相遇，它们之间产生干涉，能量互相抵消。而当引力波通过这个仪器的时候，几千米长臂的长度会产生大约一个原子尺寸的变化。在引力波望远镜上这个变化又通过一个法布里 - 珀罗谐振腔，进行几十次的来回放大，最终被激光干涉仪探测出来。

同谐振式引力波望远镜类似，很多因素都会使自由质量块之间的距离产生变化，所以要特别注意防振，既要排除空气的影响，还要降低仪器的温度，反射镜面要使用具有弹性的、稳定的石英丝悬吊在空中。这种悬挂的摆式结构具有很低的摆动周期，频率约为 1 赫兹，如果引力波的频率大于这个频率，镜面就会自由地在水平方向运动。当具有适当极化方向的引力波从垂直于仪器平面方向经过仪器时，就会使镜面（即质量块）来回前后运动，两臂的长度由此将产生变化，其中一个的距离将会增加，另一个的距离则会缩短，从而产生长度差。这个相对的长度变化就等于引力波特征振幅的大小。

如果排除所有可能产生的测量误差，利用光电方法进行检测所获得的精度极限取决于光电接收器所接收的光子随机变量所产生的误差。举例来说，如果干涉仪臂

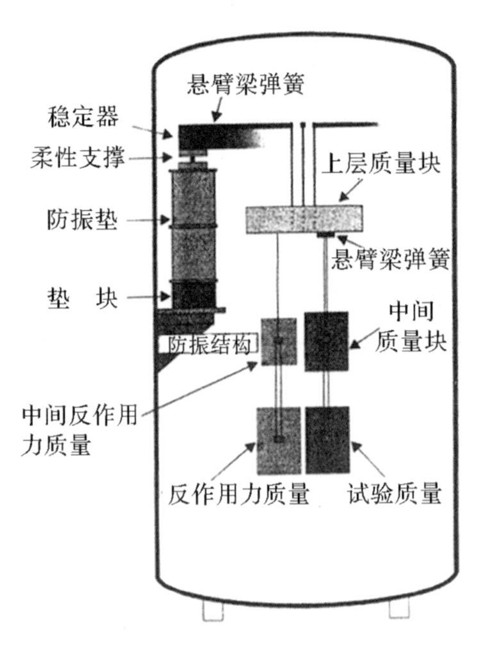

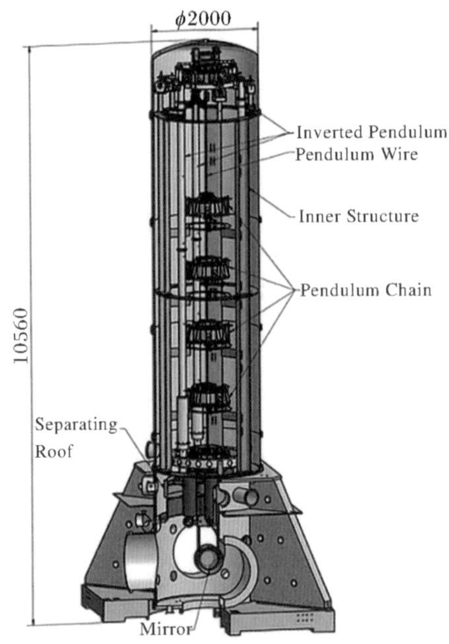

图 23 上：典型的反射镜面振动隔离和主动控制的部分机构；下：Virgo 的反射镜支撑系统中十分复杂的摆链结构

长 4 千米，光线来回传播 400 次，引力波的频率是 100 赫兹。如果干涉仪中的镜面反射率很高，在整个激光传播过程中只有 1% 的光子被散射或吸收，那么进入干涉仪内的光子数大概是激光功率的 100 倍。对于 60 瓦功率的激光，可以测量的特征振幅达到 10^{-23}。一般来说，光程越长，能探测到的引力波的特征振幅就越低。不过总的光程也不能太长，太长的光程会影响仪器对较高频率引力波的探测。另外，通过增强激光能量也可以减少光强检测的误差。

在激光干涉仪引力波望远镜中，各个主要部件都需要进行非常严格的振动控制（图 23），尤其是作为自由质量块的反射镜面。为了控制镜面所在地的温度和降低空气中气体分子的影响，要抽掉光路中所有气体。尽管如此，有些噪声仍然很难去掉。为了正确识别出真正是引力波的信号，有时还在相距很远的地方建造两个同样的仪器，这样只有当两个仪器同时得到相同信息时，所测量的引力波特征振幅才比较可信。而为了确定引力波的正确来源，则需要至少有三个这样的仪器来共同进行观测。

在激光干涉仪式引力波望远镜中，反射镜面的振动隔离系统最为关键。这些振动有些来自地震活动，有些来自远方公路上的行人和车辆，还有一些来自拍击海岸的海水。振动隔离结构通常包括振动吸收垫、振动隔离框架、悬臂梁减振器和双钟摆机构。振动吸收垫的主要原理和常用的光学平台防振垫的原理基本相同，它是一个具有阻尼的弹簧质量系统，其主要目的是隔离通过地面传递的所有高于一定频率的振动。防振垫通常有三个，它们通过三个悬臂梁像钓鱼竿一样，稳定地支撑着悬挂有反射镜面的双钟摆支架。

防振垫是单个质量加弹簧的阻尼系统，它的主要部件是一个或几个质量块和阻尼材料构件，阻尼材料常常使用硅橡胶材料。这种结构的振动衰减在谐振频率以上和频率的倒数成正比，如果将这种防振垫再和弹簧串联，振动衰减将和频率平方的倒数成正比，那么振动隔离的效果将会更好。

为了适应高真空度的要求，防振垫部分常常用金属波纹筒密封起来。这种波纹筒具有很大的扭转强度，在它的扭转方向上仍然可以传递地面的振动，所以在防振垫的上部还要有一个可以任意扭转的柔性结构，以避免扭转振动传递到悬挂的反射镜面上。

为了获得在支撑系统中串联的弹簧结构，激光干涉仪式引力波望远镜采用了弹性很大的金属钓鱼竿式的悬臂梁。整个支撑结构是这样安排的：在真空室外壁上固定着三个防振垫，三个防振垫的上部通过柔性旋转结构连接着一个稳定环；从这个环的三个点上伸出三个钓鱼竿一样的悬臂梁弹簧，通过悬臂梁弹簧上的三根金属丝来支撑着中间质量块和它下面的双钟摆结构；双钟摆的上摆是中间试验质量，双钟摆的下摆是反射激光光束的试验质量。悬臂梁弹簧的频率要进行选择，使它能在仪器所需要的工作频率上尽量减少地震波的影响，同时还要注意材料的容许应力，不能使材料发生塑性变形，因此悬臂梁一般使用高强度钢材。除了这一级悬臂梁的支撑，有的仪器在双钟摆的支撑中也采用了悬臂梁结构。

双钟摆或者摆链结构是对地震波影响的又一层隔离。这一结构大概可描述为：从镜面质量平台，通过钢丝或者石英丝悬挂一个中间质量块，在中间质量块的下面悬挂实验质量，即干涉仪中的反射镜面。为了消除热噪声，实验质量采用优质熔融石英材料，悬挂丝带也往往采用熔融石英纤维。更为精确的仪器则使用蓝宝石镜面材料，这种材料拥有比石英材料更高的品质因子。为了实现对实验质量和中间实验质量的反馈控制，在双钟摆一侧还要再悬挂一个相应的反作用双摆装置，在这个双摆上，均安装有感应线圈，以主动控制实验质量块和实验中间质量块的微小振动。

"先进 LIGO"的减振工作从 1999 年开始，一直进行到 2010 年。反射镜的减振一共采用了 7 层减振和悬挂机构，其中的 4 层主要是起隔离作用，另外 3 层为再次减振的悬挂机构。悬挂机构自身难以进行主动控制，主要依靠单摆原理。为了进一步降低了噪声，"先进 LIGO"的研发分两步走：第一步把减振频率做到 1 赫兹，第二步做到 0.1 赫兹。第一步的工作只用了半年时间，科学家们原本以为全部工程将在不到三年时间内就可以完成，但后来发现如果要做到 0.1 赫兹，那么减振工作面临的困难将非常大。最主要问题是在低频时，传感器本身会产生干扰，而由于等效原理的存在，这个干扰是无法去除的。一开始大家想尽办法去除干扰，后来发现无法实现这个目标，光是这个过程就花费了整整一年时间。最后只能假设这个干扰永远存在，然后再考虑怎么才能做到干扰存在下的系统振动极限。对于其他的电磁干扰，则分别采取其他隔离措施。一般整个系统的减振倍数只能做到十到二十倍，但在这台仪器上实际达到了减振上千倍的水平。

与此同时，"先进 LIGO"还采用了精密地震波传感器进行主动和自适应的位置控制。简单地说，如果传感器感受到大地向东移动，那就用动力系统把系统向西推。低频减振系统、干涉仪系统和激光光源三方面提升令"先进 LIGO"的设计精确度比之前提升了十倍。

在激光干涉仪引力波望远镜中，主镜材料的品质因子对系统的噪声水平有着决定性影响。早在 1990 年，苏联莫斯科大学的科学家已经在室温条件下，测定出使用蓝宝石材料的镜面单摆的品质因子为 4×10^8。这就意味着如果镜面受到冲击，它的振动要经过 4 亿次重复以后才会衰减到零。

在西方，在对同样蓝宝石品质因子的测量工作中，无论是斯坦福还是加州理工大学、格拉斯哥大学或者珀斯大学，他们测量得到的品质因子最高也只能达到 5×10^7。当时的西方对苏联的测量结果均持有怀疑态度。

这个事件一直拖延到 1998 年夏天。这一年格拉斯哥大学代表团访问了莫斯科大学。访问之后，一位俄罗斯学者对格拉斯哥大学做了一个星期的回访。在这两次互访之中，对蓝宝石品质因子的测量均仅仅达到 2×10^7 的数值。1999 年夏天，莫斯科大学的同一个学者再次访问格拉斯哥，在这次访问中，这个学者亲自动手才真正在西方测量出 10^8 的高品质因子的真实的数据。

用于引力波望远镜中的蓝宝石镜面常常由两根细纤维丝悬挂在一块厚度几厘米、直径 10 厘米左右的圆柱体上。纤维丝的端点用应力固定在镜体上，从而形成一个十分平衡的稳定单摆。在圆柱体的一面，需要在中间小区域镀上圆形的铝膜，以便于激光的反射。

当外加电场作用于蓝宝石晶体上时，晶体开始振动。这时再去除外加电场，晶体的振动将持续一段时间。对于高品质因子的测量，常常需要 20 分钟以上的准备时间；对于低品质因子的测量，所需要的准备时间只要 1 到 2 分钟就足够了。

蓝宝石晶体并没有十分完美的振动模形状，即使悬挂点正好是处于质量中心点，仍然有一部分能量会传递到纤维上。所以这时测量的并不真正是晶体的品质因子，而是晶体摆的品质因子。这个品质因子的数值就要低很多。当摆的谐振频率和晶体谐振频率相近的时候，晶体上很多能量都会传递到单摆系统之中，这对品质因子的测量精度影响很大，所以需要对摆线长度进行调整，防止系统发生共振，同时还要减少摆线和摆线压板之间的摩擦力。俄罗斯学者在测量品质因子时经常将摆线长度调得很短，他的一个重要经验就是要非常耐心，不断地尝试。

整个系统中，实验质量块具有最高的品质因子。地震波可能在某些频率上会引起仪器谐振，为此需要对整个装置进行反馈控制以消除这些振动的影响（图24）。同时当干涉仪条纹锁定后，则需要采用零点补偿的方法精确地获得引力波的特征振幅值。在仪器设计中，应该使实验质量块的谐振频率尽可能地提高，以减少热噪声的影响；整个仪器中所有激光通过的地方均要保持超高真空度，以防止光子通过时产生不必要的相位差；整个反射镜面要防止灰尘的影响，全部系统要达到最高的清洁标准，以减少光的散射；在控制系统中要避免任何作用力的交叉影响；激光发生器本身需要十分可靠的稳频装置，激光束所产生的光压变化也会对镜面位置产生影响。

隔离减振技术在其他领域也十分重要，这些领域包括芯片制造、导航系统、惯性参照系统、自动控制、传感器和测量装置。现在芯片的线宽越来越小，已经达到3 纳米，这时如果振动超过 3 纳米，那么芯片就无法制造出来。

图 24　典型的摆镜装置的隔离减振系统

10

激光干涉引力波观测台

图 25　美国激光干涉引力波观测台两台相距 3000 千米的干涉仪

从 1992 年开始，加州理工大学和麻省理工学院就联合开展了激光干涉引力波观测台（LIGO）工程。这是美国科学基金会投资最大的一个科学工程。到 1997 年，工程已经集聚了 70 个研究单位、800 名研究人员。这个工程整整进行了十年，于 2005 年全部完工，总共耗资 3.65 亿美元。

具体地讲，这个工程分别包括在路易斯安那州和华盛顿州共两台臂长为 4 千米的激光干涉仪（图 25），其中在华盛顿州的仪器还附有另一个臂长 1.5 千米的干涉仪。这两台仪器之间的距离为 3000 千米，每个仪器通过半透明镜面的内部反射，光臂的长度通过时间阀门的控制正好增大 50 倍，两台仪器均相当于臂长为 200 千米的干涉仪。

为什么光路通过内部反射仅仅增加 50 倍，而不是更多倍数呢？这是因为每反射一次，光子就会接触镜面分子，而引进了附加的分子热噪声。反射次数越多，就会引入越多的热噪声。另一个原因是，如果引力波的频率较高，在一个多次反射的光路中，引力波的空间应力方向在测量过程中产生变化，那么就不能区别出总光程差小是因为本身空间应力小还是因为引力波的频率太高而引起的平滑效应。

在仪器中，空气分子会使光子产生相位误差，所以光路管道全部采用了不锈钢真空管道，管道直径为 1.2 米，管道内的真空度为 10^{-12} 个大气压。在美国观测运行费一般是工程投资的十分之一，所以整个工程完成后，每年的运行费就达到 3 千万美元。

美国科学基金会对 LIGO 工程十分满意，这个工程是一个按照时间计划、按照成本计划全面完成的模范工程。这个巨大工程所获得的灵敏度约为 10^{-21}，遗憾的是它灵敏度仍然不够高，在运行和采集数据 6 年以后仍然没有获得观测结果。按照美国天文学家的估计，这台望远镜探测到引力波的概率大约是每十年或者每五十年才仅仅有一次。

2007 年，引力波观测仍在进行中，美国国家基金会又对这个项目投资 3 亿美元，进行升级换代，新工程叫作高新激光干涉仪引力波天文台。新工程灵敏度约是现有仪器灵敏度的 10 倍。在这个新工程中，德国、英国和澳大利亚的天文学家也分别进行了投资。

新的改造升级工作主要集中在反射镜面上。在原来望远镜中，测试质量即反射镜是一个直径 25 厘米、重量 11 千克的熔融石英镜面，现在改造后，测试质量改成一个直径 34 厘米、重量 40 千克的熔融石英镜面（图 26）。这样做的目的是减少镜面的热噪声。

根据欧洲同行在 Virgo 上的经验，在新装置中，LIGO 先后增加了两个重要的激光循环利用系统，一个是激光强度循环利用系统，另一个是仪器输出信号循环利

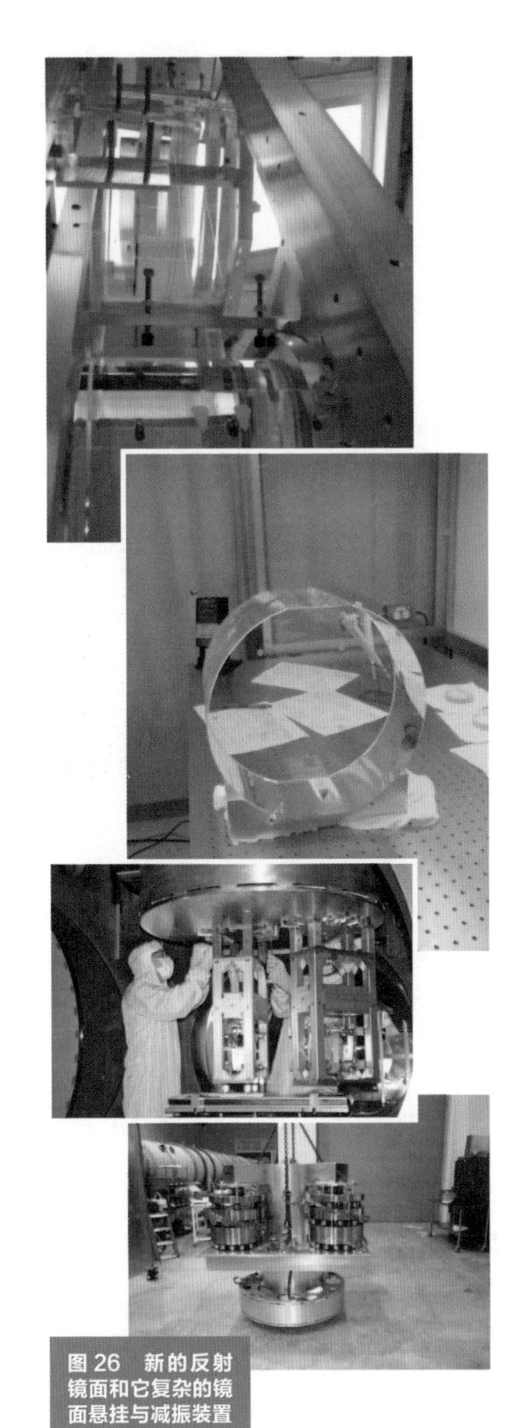
图 26　新的反射镜面和它复杂的镜面悬挂与减振装置

用系统。相较原来的系统，在这两个循环利用系统中，LIGO 在原有光学腔的外侧，又增加了一块半透射半反射的光学镜面。经过这些努力，谐振腔中激光光束的功率也得到了提高，大大提高了系统的信噪比。

在镜面悬挂上，LIGO 同时采用了熔融石英纤维来代替旧的悬挂钢丝。这样在新的装置中最主要的噪声将是探测实验质量位置的量子噪声，而在中等频率上，最主要的贡献是实验质量的内部热噪声。在这次改造升级中，振动隔离的结构基本上使用了 Virgo 工程的设计。

在激光干涉仪引力波天文台的改造升级过程中，一些非常有眼光的科学家们一直在思考一个非常严重的问题，这个问题就是激光束、固体镜面和光学腔的基本参数所可能引起的系统不稳定的问题。原来在光子和镜面材料接触的过程中，会有少量的光子产生非弹性碰撞，改变光子频率，失去能量，从而产生拉曼效应。这些光子所失去的能量会转变成引起镜面晶粒材料振动的声子能量。镜面谐振是指发生在声音频率范围内的一定的谐振频率，正好对应于一定的镜面振动形状，被称为声频振动模。这些声频模中，能量分别沿半径方向和圆周方向成正余弦函数分布。而在激光束的传递中，除了理想的基本模外，频率不同的光子也会激发出不同的高阶传播模。这些高阶模在垂直于激光传播方向上的能量同样会沿着半径和圆周方向呈正余弦函数分布。同时激光束的反射所损失的能量会使镜面局部升温，从而引起谐振腔镜面曲率半径的变化，而这种变化可能会破坏谐振腔内激光传播的稳定性。这种基于振动模和传播模所引起的振动增益在很短的时间范围内就达到很高倍数的现象被称为参数引起的不稳定性。幸运的是，通过对实验镜面边缘加热，有意识地调整谐振腔镜面的曲率半径，可以十分有效地抑制这种具有共振形式的不稳定性。

经过不懈的努力，新引力波天文台工程进展十分顺利。到 2012 年时，新工程进行到 70%，这台耗资巨大的天文望远镜终于实现了有史以来的第一次激光干涉光斑的相位锁定，天文学家终于看到了一个非常稳定、静止的激光光斑（图 27）。这个光斑表明，天文学家们已经可以信任这台望远镜抑制外来干扰噪声的能力。

图 27　美国激光干涉引力波观测台在 2012 年锁定了干涉光斑

新的升级工程共耗资 2 亿美元。新工程主要改造了引力波观测台中臂长 4 千米的两套仪器。在原来的引力波观测台中，还有一套臂长只有 1.5 千米的激光干涉仪。这套仪器并没有进行改造和升级的工作。与此同时印度天文界正好要开展引力波的研究，美国政府顺水推舟，将这两台旧仪器全部赠送给印度，让印度去建设他们的激光干涉仪引力波望远镜。虽然整个仪器对印度免费，但是印度方面要负责拆卸和运输的全部费用，这也是一笔不小的开支。

11

第一次引力波的直接探测

2015 年 9 月，这台世界上规模最大的引力波望远镜准备进入科学观测阶段。9 月 13 日，望远镜经受了正式观测以前的最严格的检验。检验工程师们故意大声叫喊、摇动防振垫子、敲打设备，甚至故意引进外加的磁场。整个检验工作一直持续到深夜，全部检验只有最后一项没有完成，这就是在场地上用大卡车来增加地面振动。完成检验后工程师们才将整个仪器交给天文学家进行观测。很快，仅过了几个小时就传来了最为振奋人心的好消息，这台望远镜探测到了真正引力波清楚的脉冲信号。这一事件正好发生在爱因斯坦提出引力波的广义相对论理论发表 100 周年的时候，也是韦伯开始探测引力波 50 周年时，意义显得更为重大。

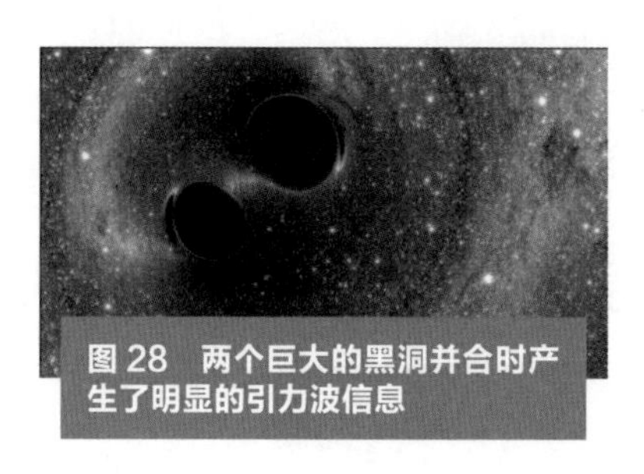

图 28　两个巨大的黑洞并合时产生了明显的引力波信息

在 2015 年 9 月 14 日凌晨，当地时间 5 时 51 分，即 UTC 时间 9 时 51 分，人类第一次探测到了引力波事件（图 28），记为 GR150914。这个引力波来源于 13 亿年之前两个巨大黑洞的并合，其中一个黑洞的质量是 29 个太阳质量，另一个是 36 个太阳质量，它们在并合时，大约有相当于 3 个太阳质量的能量以引力波的形式被释放出来，根据爱因斯坦的质量能量公式，转变成为持续不到 1 秒的引力波脉冲。这次黑洞的并合所释放出来的能量相当于整个宇宙中所有可见光能量的 50 倍。这次探测后不久，这台仪器又探测到一个类似的黑洞并合事件，这次事件被天文学家记为 GR151226，这同样是一对在 14 亿光年距离上的黑洞并合事件。

美国激光干涉仪引力波观测台的两台激光干涉仪几乎是同时获得了几乎相同的脉冲信号，位于路易斯安那州的干涉仪的探测时间仅仅比华盛顿州的干涉仪早 7 毫秒。这次观测标志着人类又打开了一扇探索宇宙秘密的新窗口，新的引力波天文学将正式启动。从此，爱因斯坦的预言获得了证实，引力波和黑洞就存在于这个宇宙之中。如果引力波天文学能够证实更多宇宙中的秘密，人类对宇宙的认识将会再深入一步。

2016 年 2 月 12 日，美国、欧洲以及其他国家的 1000 多个作者在著名的《物理学评论》刊物上发表了里程碑式的重要论文《双黑洞并合所发出的引力波的观测》。

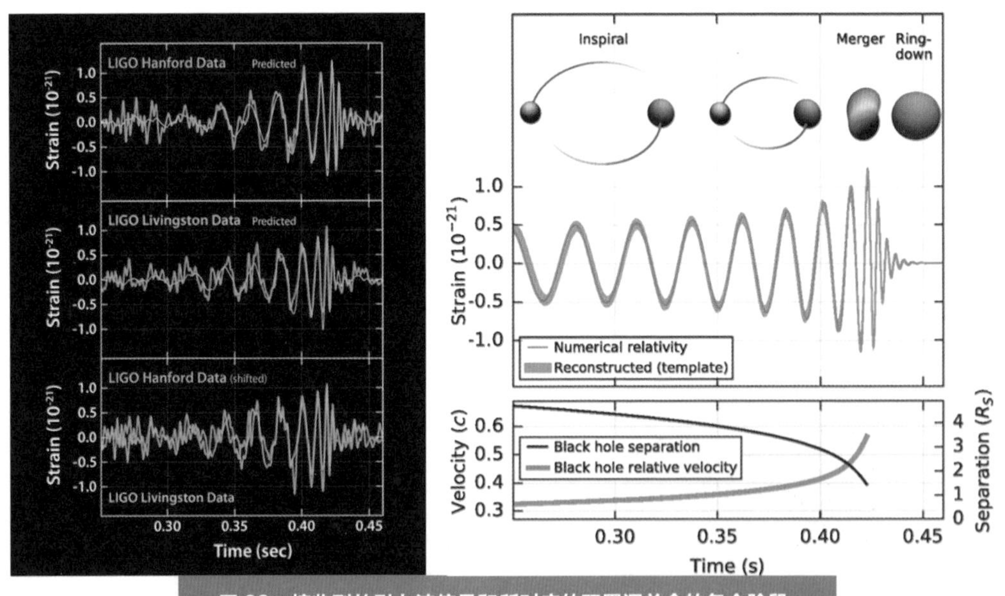

图 29　接收到的引力波信号和所对应的双黑洞并合的各个阶段

12 其他引力波望远镜的发展

20 世纪 70 年代，德国和英国同时开始了对激光干涉仪引力波望远镜的研究。1975 年，德国马普天体物理研究所开始建设一个臂长 3 米的引力波望远镜，1977 年，这台激光干涉仪引力波望远镜初步建成，并安装在马普量子光学研究所。同年，格拉斯哥大学建设了一台 10 米臂长的激光干涉仪引力波望远镜。1985 年，德国方面提出建设一个臂长 3 千米的引力波望远镜的计划。1986 年，英国也提出了一个类似的计划。1989 年，德国和英国的两个臂长 3 千米的引力波望远镜计划合并，形成了 GEOXXX 工程，可惜具体计划并没有被批准。1994 年，计划进行修改，臂长减少为 600 米，形成 GEO600 工程。工程于 1995 年正式开始，德国方面，工程很快转交给马普引力物理研究所负责，英国方面仍然是格拉斯哥和卡迪夫大学负责。

这台激光干涉仪引力波望远镜的两个光学臂的长度是 600 米，因为激光在其中往返通过两次，所以实际的光程为 1.2 千米。整个光路位于高真空的管道中，管道里的真空度达到 10^{-8} 毫巴。2002 年望远镜开始进行试观测，2006 年工程达到设计精度。但是一直到今天，望远镜还并没有获得任何可信的引力波信号。目前望远镜经过升级，探测精度已经提高了 10 倍。

与此同时，法国和意大利等国的室女座引力波探测器（Virgo）经过不断修改，也已经成为了一台非常有影响的引力波望远镜。

Virgo 的镜面支撑装置十分复杂，有一系列的吸收振动的弹簧和一系列倒立的单摆。它最末端的结构是四个悬挂着的磁铁，每个磁铁上装有线圈，利用它们可以在水平和垂直的两个方向上调节镜面的方向。镜面质量由 0.2 毫米的纤维丝支撑。现在这台仪器又被叫作欧洲引力波天文台。

Virgo 工程造价 1 千万欧元。它的每个臂长为 3 千米，光路经过 40 次的反复来回，所以干涉仪的等效长度为 120 千米。仪器中的光路全部在真空管道中。真空管道呈波纹型，直径为 1.2 米。Virgo 的工作频率在 10 ~ 6000 赫兹。这台仪器的镜面采用了特殊的镀层，它的镜面反射率达到 99.999%。图 30 是它的镜面的支撑和隔振系统。Virgo 现在仍然在追加投资，进行升级改造工程，希望新的先进 Virgo 的灵敏度能提高到原来的十倍。

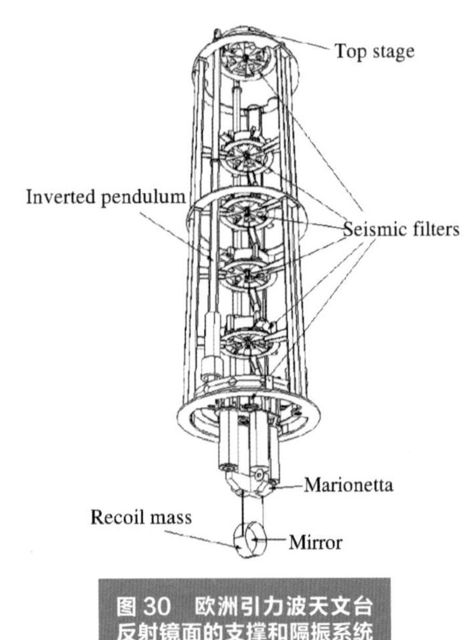

图 30　欧洲引力波天文台反射镜面的支撑和隔振系统

日本的引力波望远镜是由东京大学宇宙线研究所主持研制的，该研究所成立于 1976 年。日本早期的引力波望远镜计划是一个臂长仅仅 300 米的小型仪器，名称为 TAMA300。随着时间的推进，日本的引力波望远镜项目规模不断发展，它的名字也一改再改，从低温激光干涉天文台更改为 KAGRA，即神冈引力波探测器（图 31），直属于东京大学宇宙线研究所。这台仪器被安置在一个位于地下 1 千米的矿洞里，每个臂长达 3 千米。新矿洞的地震噪声将比以前台址的低 1 至 2 个数量级。

神冈也是日本有名的中微子探测器——超级神冈探测器的所在地。

和美国激光干涉仪引力波观测台不同，日本这台引力波望远镜的镜面采用了品质因子非常高的蓝宝石材料，并且将镜面的温度保持在 20 开尔文的低温。这样会显著降低由温度所引起的镜面噪声，同时因为蓝宝石的热传导系数很高，所以不存在因为温度效应引起的镜面焦点的变化，这和室温镜面的情况完全不同。不过低温的镜面也限制了激光束的能量，因为激光束的能量可以通过镜面及支撑镜面的纤维向低温结构的上部传播，从而影响结果的精确度。

2005 年，KAGRA 完成了对一条光臂上的镜面支撑、防振系统和激光系统的测试，2006 年初步实现了对干涉斑的锁定，2007 年就开始了常温试观测和一些低温试验。在镜面 14 开尔文低温试验中，科学家们发现一个重要的问题，即从环境室温进入镜面的热量是一开始估计的能量的一千倍。这主要是因为从各个方向上都有杂散光可以通过多次反射抵达已经冷却的镜面。在常温试验中，仪器使用了铝金属丝来悬挂镜面，不过在低温情况下，将使用非常昂贵的蓝宝石丝。

图 31　日本神冈引力波探测器的布局和它所使用的地下真空管道

澳大利亚也同样有一个建造激光干涉仪引力波望远镜的计划，该仪器被称为 AIGO。印度也正在将美国废弃的 1.5 千米激光干涉仪原封不动地搬回去，从而进行引力波望远镜的研究工作。

在最新的激光干涉仪引力波望远镜的计划中，最引人注目的是欧洲的爱因斯坦望远镜（ET）（图 32）。这个计划由近 200 名欧洲学者从 2008 年开始经过长达

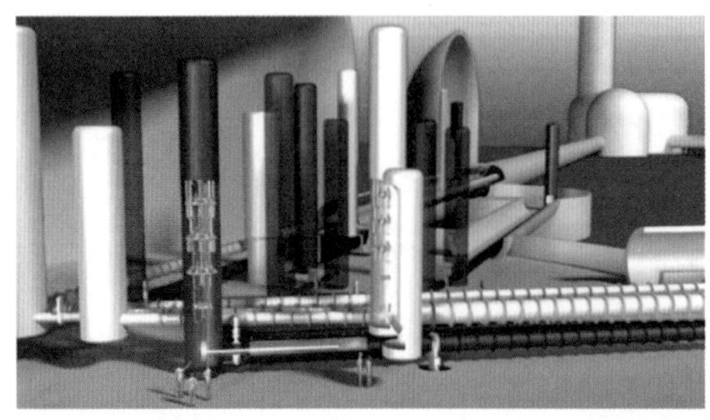

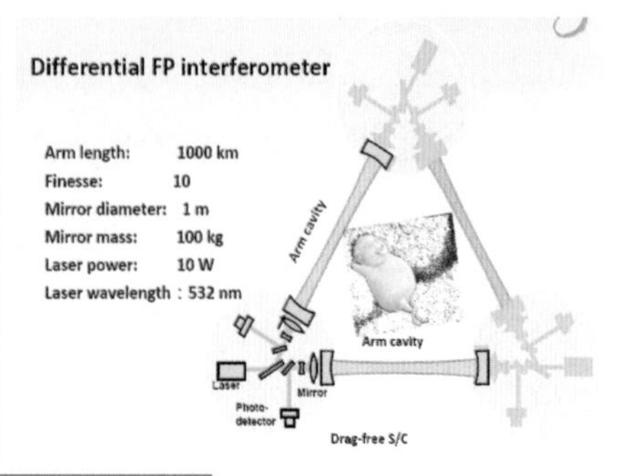

图 32　爱因斯坦望远镜的设想和布局

3 年的精心设计而提出。共有 8 个研究机构参加这个工程，其中核心单位是位于意大利比萨的欧洲引力天文台。根据这个计划，这台激光干涉仪引力波望远镜呈正三角形分布，每个边长为 10 千米，每个边长在迈克耳孙干涉仪中使用两次，从而形成三个大型激光干涉仪。望远镜中的一个干涉仪专门用于探测 1 ~ 250 赫兹的低频信号，这部分信号是现有引力波望远镜所不能探测的。另外两个干涉仪将用于探测从 10 赫兹到 1 万赫兹的高频信号。整个望远镜全部建设在地下 100 到 200 米深处，光路用真空管道连接。在这台仪器中，反射镜面的尺寸达到 0.5 米，所有的反射镜面均安装在 10 开尔文的低温环境之中。仪器的预期精度将达到目前最灵敏的引力波望远镜的 10 倍，它可能探测到的空间引力波活动范围将是目前其他引力波望远镜的 1000 倍。这个工程的总预算是 8 亿欧元，完成时间约为 2025 年。目前这个工程已经获得了 430 万美元的支持，正在进行设计研究工作。

13 空间引力波望远镜

建立在地面上的引力波望远镜不可能完全消除地震波动的影响，同时它的反射镜面还受到重力的作用，它们在空间长度上也受到地球尺寸和地球弯曲表面的一定影响，所以在引力波的探测上具有很多的局限性。同时它们的频率测量范围一般仅仅在 10 赫兹到 1 万赫兹之间，这些频率的引力波一般是由能量极大但持续时间非常短暂的双黑洞并合事件所引起的。为了探测频率更低、停留时间更长的引力波活动，就必须使用设立在空间轨道上的激光干涉仪引力波望远镜。

当引力波的频率达到十万分之一到 1 赫兹时，所对应的信号来源会增加很多。这些信号源包括数量众多的质量相对小的黑洞并合过程的后期、银河系内双白矮星系统等等。这类引力波信号可通过空间卫星阵列来探测。著名的空间激光干涉仪（LISA）就是由欧洲空间局和美国国家航天局合作的大型空间实验卫星项目。LISA 预计在 2034 年左右上天开始收集数据。作为技术验证的卫星——激光干涉空间天线开路者号（LISA Pathfinder）已经于 2015 年年底由欧洲空间局送上太空，在围绕拉格朗日 L1 点的轨道上运行，取得了预期的效果。这颗试验卫星主要是试验极端精密的距离测量系统是否能够达到所预期的精度，卫星的造价为 1 亿欧元，它的位置测量精度在 40 厘米距离上将高达 0.01 纳米。

LISA 将是一个悬浮在空间中的正三角形激光干涉仪（图 33），三角形的每个边长为五百万千米，其反射镜面为悬在太空中十分稳定的质量块，它将在低温下进行工作。由于质量块之间的距离很大，所以可以探测更低频率范围（10^{-4} ~ 10^{-1} 赫兹）内的引力波辐射。这将是一台更为精密、更为昂贵的仪器。LISA 采用了很多噪声补偿装置来消除光学平台中因为振动、温度差别和其他因素所引起的位移变化。不过真正的困难是如何精确地测量并且保持反射镜面的位置，并达到 10 纳米的精度，这需要一系列传感器和微推进器配合工作，不断调整。

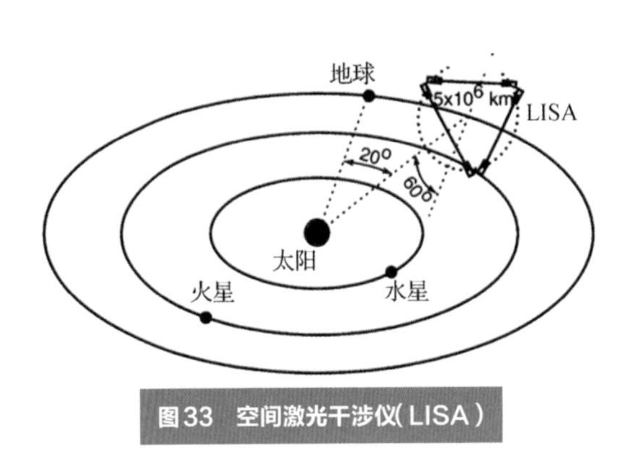

图33 空间激光干涉仪（LISA）

空间引力波望远镜的光学系统包括望远镜、光学平台、激光器和用于激光发射、传播、接收以及光束控制的装置。所有这些装置都固定在由大块微晶玻璃制成的光学平台上（图 34）。

不过 LISA 计划生不逢时，2007 年美国和西欧均遭遇了十分严重的金融危机，由于经费的制约，2011 年美国正式退出这个项目，所以空间激光干涉仪不得不进行简化。后来，简化后的空间激光干涉仪的名称改为演化激光干涉空间天线（eLISA），计划发射升空的时间大约在 2034 年以后，原来的三角形结构由一个 V 形结构所代替，每一个飞行器之间的距离也改变成 2 百万千米（图 35）。

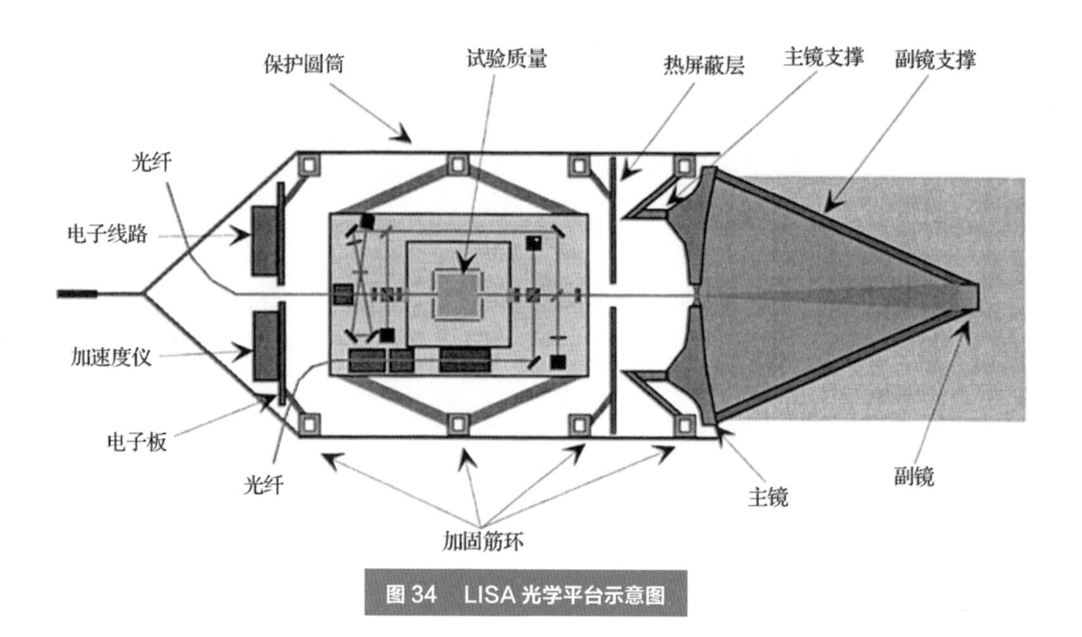

图 34　LISA 光学平台示意图

图 35　LISA 示意图

14

中国的天琴计划

几乎与 LISA 同时，中国中山大学校长罗俊院士向中国政府提交了新的空间引力波望远镜的计划，这个计划名叫天琴计划。中山大学曾经是早期发展谐振式引力波探测器的一个实验点。

天琴将与 LISA 类似，采用三颗完全相同的卫星构成一个边长 10 万千米的等边三角形阵列，每颗卫星内部都包含一个或两个悬浮起来的检验质量。卫星上将安装推力可精细调节的微牛级推进器，实时调节卫星的运动姿态，使检验质量始终保持与周围的保护容器互不接触的状态。这样检验质量将只在引力的作用下运动，而来自太阳风或太阳光压等的细微的非引力扰动将被卫星外壳屏蔽掉。高精度的激光干涉测距技术将被用来记录由引力波引起的、不同卫星上检验质量之间的细微距离变化，从而获得有关引力波的信息。与 LISA 或 eLISA 不同的是，天琴的卫星将在以地球为中心、高度约 10 万千米的轨道上运行，针对确定的引力波源进行探测。

天琴计划用 15 ~ 20 年的时间上天，整个探测项目大约在 2030 年正式启动。天琴计划的关键技术就是精确测量两颗卫星之间的距离，就算两个相距 10 万千米的卫星之间的距离变化比一个原子小，也需要想办法测算出来。

天琴计划主要分四阶段实施：第一阶段完成月球 / 卫星激光测距系统、大型激光陀螺仪等天琴计划地面辅助设施；第二阶段完成无拖曳控制、星载激光干涉仪等关键技术验证以及空间等效原理实验检验；第三阶段完成高精度惯性传感、星间激光测距等关键技术验证以及全球重力场测量；第四阶段完成所有空间引力波探测所所需关键技术的研发，发射三颗地球高轨卫星进行引力波探测。全部四个子计划的完成大约需要二十年的时间，总投资约 150 亿元人民币。

15

利用脉冲星探测引力波

地面激光干涉仪引力波望远镜可以探测到相对高频的引力波信号；空间的激光干涉仪引力波望远镜由于光臂长度很长，可以探测到较低频的引力波信号。对于更低的在纳赫兹范围内的引力波信号，则可以利用脉冲星的时间射电阵来进行探测。在频率更低的引力波探测方面，可以使用宇宙微波背景的辐射资料来进行引力波的分析。在宇宙微波背景辐射中的微小温度起伏实际代表了空间质量分布的不均匀性。

利用对脉冲星的观测来探测引力波信息的方法是在20世纪70年代被发现的，这种探测的原理是将太阳系和遥远的脉冲星看成是空间中一个长臂的两个端点，而脉冲星则是位于其中一个端点上的时钟。当这个时钟发出有规律的信号时，由位于另一个端点的地球上的观察者所接收。

如果有引力波通过脉冲星所在地或者太阳系，这个空间长臂的尺寸会产生一种周期性的微小变化，从而会引起脉冲星频率的多普勒效应。这种脉冲星脉冲频率的微小变化可以通过射电望远镜的观测获得。频率变化量和引力波的振幅直接相关，如果测量到的脉冲频率具有不规则变化，那么就可以知道引力波在这个长臂上总的影响。由于太阳系本身也会受到引力波的影响，所以使用这一方法探测到的引力波振幅应该是脉冲星处和太阳系区域的引力波振幅之和。如果要精准确定脉冲星附近的引力波大小，则需要对多个不同位置的脉冲星进行观测来首先确定太阳系附近引力波的大小。

著名的通过脉冲星测量引力波的团组有澳大利亚的帕克斯脉冲星计时阵（PPTA）、欧洲的欧洲脉冲星计时阵列（EPTA）以及美国的北美纳赫兹引力波天文台（NANOGrav）等。

爱因斯坦的广义相对论不仅预测了引力波的传播，也包括了对引力、时间和空间的统一性以及空间场的曲率的阐述。在空间中的无数颗卫星中，曾经有两颗特别有名的引力望远镜，它们就是专门研究这些问题的引力探测器A (GP-A) 和引力探测器B (GP-B)。

1976 年发射的引力探测器 A 是一个氢脉泽钟，搭载这个脉泽钟的小飞行器由军用侦察兵火箭向几乎垂直于地面的方向发射，最后又落回到地球表面（图 36）。通过在地面对这颗准卫星所发出脉冲信号的接收，去除它因为飞行运动引起的多普勒效应后再和地面上的脉泽钟进行比较，可以获得卫星上的精确时间。这个实验总共进行了 1 小时 55 分钟，卫星离开地面的最大高度为 1 万千米，最后这个飞行器坠毁在大西洋中。由于氢脉泽钟的稳定性，在 100 秒的时间内，测量的精度达到 10^{-14}，测量值的结果和理论计算值的误差小于百万分之七十。这个探测器的观测结果证实了爱因斯坦关于重力的存在可以减慢时间的预测。

图 36　搭载引力探测器 A 的侦察兵火箭

2004 年，美国发射了引力探测器 B（图 37），这颗卫星的目的是探测地球所引起的空间卷曲的程度。卫星位于地球的一个极点以上高度 600 千米的轨道上。

根据爱因斯坦的理论预测，在一个大质量的附近，时空会发生卷曲，同时在大的转动质量的附近，当地的时空会因质量的转动而被拖动。这里一共有两个效应，一个是由于地球引力所引起的空间卷曲效应，另一个是由于地球的自转运动所引起的对时空参考系的拖动效应。

图 37　引力探测器 B 卫星和它的超精密陀螺仪

在搭载引力探测器 B 的卫星上，使用的仪器包括一台指向非常精确的光学天文望远镜和四个超导精密陀螺仪。通常一个卫星的指向仅仅需要三个方向角参数，通过使用四个陀螺仪，则可以提供多余的测量量，以进行数据的自校核工作。卫星上的全部探测器均处于温度为 1.7 开尔文的超导体环的磁屏蔽之内，而望远镜则始终精确地指向在远处的同一颗星。

在这四个陀螺仪中，最关键的部件是一个个表面上镀了超导材料铌的熔融石英圆球。每个圆球直径为 1.5 英寸，圆球的圆度精度达到了相当于 40 个原子大小的非常微小的尺寸，所以这几个圆球曾经被称为是世界上精度最高的球体。

这些球体在陀螺仪中的位置可以通过主动控制来保持不变。所有陀螺仪的指向精度均达到 0.1 毫角秒，是其他飞行器使用的陀螺仪精度的三千万倍。由于陀螺仪所决定的指向并不包含相对论所引起的时空卷曲，所以光学望远镜的指向将渐渐与远方恒星的方向偏离一个很小的角度。这个偏离倾斜值则可以利用超导量子干涉装置来具体测量，测量的精度同样非常高，为 0.0001 角秒。根据理论计算，望远镜光轴的漂移量应该是 0.0018 度，经过 18 个月的数据分析，引力探测器 B 所测量到的角度变化量和理论值的差别小于 1 %，符合相对论所做出的预测。

COSMIC

RAY

TELESCOPE

16 认识宇宙线

电磁波的量子形式是光子，引力波也可以看作是一种引力子，但是从本质上讲它们都不是一种真正意义上的粒子。真正意义上的粒子应该具有静止质量，而光子没有静止质量，引力子也被认为没有静止质量。电磁波和引力波实际上是两种性质不同的物理场：电磁波是电磁辐射场，而引力波是引力辐射场。只有宇宙线才是真正意义上的粒子，宇宙线也被称为宇宙射线，不过根据德布罗意的理论，任何粒子都同样具有波动性，即具有波长和频率。

什么是宇宙线呢？比较通用的说法是：宇宙线是来自太阳系以外宇宙空间的具有静止质量的高能次原子粒子。它们通常速度非常高，接近于光速，所以原子中的电子被全部剥离了，大部分宇宙线带有电荷。这些粒子包括高能质子和原子核或者它的某种粒子。由于它们本身带有电荷，所以银河系、太阳系和地球的磁场将这些粒子的运动轨迹不断地进行改变，使它们不停地在地球磁场中来回反射，最后进入地球的磁极地区。由于这种效应，在地球的两个磁极之间，存在两个辐射十分严重的范艾伦辐射带，这两个圆环形带区一个是由离子的反复反射所形成的，另一个是由自由电子构成的。如果在天区上作出宇宙线的密度分布图，将会看到一片完全均匀的分布。天文学家只有通过其他的非直接方法来确定宇宙线的来源方向。

宇宙线具有很宽的能量范围，它们跨越12个数量级，从 10^8 到 10^{20} 电子伏特。它们的来源对天文学家来说，至今仍然是一个没有解决的谜。一般认为，超新星、活动星系核和碰撞的星系是这些宇宙线的来源。宇宙线不是电磁波。进入地球大气层的宇宙线99%是失去电子的原子核，1%是游离电子（贝塔射线）。在原子核部分，90%是质子，9%是氦核（阿尔法射线），1%是重原子的核（HZE粒子）。这中间还存在非常少量的反物质粒子，如正电子和反质子。这种不同原子的组成分布和太阳系中各种元素的组成分布基本相同。

现在已经探测到的最高能量宇宙线粒子的能量达 3×10^{20} 电子伏特，它们的速度达到0.999……倍的光速。而已经探测到的最高能量的伽马射线仅仅是 10^{14} 电子伏特。它们之间的差别达3百万倍。

反物质是一种人们十分陌生的物质形式，几乎无法在自然界中找到，同时它们的存在时间也非常短。具体究竟什么是反物质呢？反物质就是由反物质粒子构成的和正常物质状态相反的特殊物质。同样所有的反物质粒子也是正常粒子的反状态，比如正电子、负质子都是反粒子，它们跟通常的电子、质子相比较，电荷量相等，

图 38　宇宙线大气簇射示意图

但电性正好相反。粒子与反粒子不仅电性相反，其他的一切性质也都是相反的。如同等量的正数和负数相加等于零一样，当正反物质相遇时，双方就会相互湮灭抵消，并产生一定的能量。反物质的能量释放率要远高于氢弹爆炸。所以对反物质的研究在现代物理学中十分重要。

现在反粒子已经在宇宙线中被观测到，但是至今并没有发现反物质原子核存在的证据。反物质也可能是宇宙中的暗物质产生的。

能量最高的宇宙线是一些速度接近于光速、在自然界中可能存在的具有最高能量的粒子。它们的能量远远超出了人类所能够产生的极限能量。天文学家一直在探索这些高能粒子的产生机制，回答这个问题可以令天文学家对宇宙中的各种高能现象有一个深入而全面的认识。

一般来说，光子不属于宇宙线的范围。但是在一些参考书中，宇宙线也包括不带电荷的伽马射线和中微子。在本书中，我们将宇宙线限制于次原子的各种粒子，其中包括电子、质子、中子、离子以及它们的反粒子，伽马射线属于电磁波，而中微子则归属于已经发现的热暗物质。

地球大气层能够强烈吸收宇宙线，宇宙线在地球上空 15 千米处达到最大流量，但是高度再向上它们的流量反而急剧降低。在低能区域，宇宙线具有较大的流量密度，约每秒每平方米一次，所以可以使用气球、火箭和卫星来直接观测。在高能区域，宇宙线的流量密度非常小(图38)，每平方千米每年才约有一次，它可以穿透大气层，并在大气层中形成次级大气簇射，高能宇宙线必须在地面利用面积非常大的接收器阵来进行探测。

17

宇宙线望远镜的发展历史

宇宙线的发现开始于1910年，早在1746年和1754年，法国人和英国人就先后发明了检测电荷存在的验电器。验电器的主要部分是一个利用绝缘体固定的金属棒，棒的下端是可以张开也可以合拢的金属膜（图39）。当带电物体接触金属棒的上端时，根据同性电荷相互排斥的原理，金属膜会张开，张开的角度和电荷量的大小相关。1785年，库伦发现带电荷的验电器尽管绝缘得十分有效，仍然会自然地产生放电现象。1787年，出现了十分灵敏的金膜验电器。1835年，法拉第证实了库伦所观察到的验电器自然放电的现象。1879年，克罗克发现验电器的放电速度直接与验电器容器中的气压相关，气压越小，放电速度越慢。

图39 早期的验电器

1890年，伦琴发现了X射线。1896年，贝克勒尔发现了放射性。1897年，居里夫妇共同发现了镭元素的衰变以及随之所产生的放射性。和放射性直接相关的是三种射线，即阿尔法射线、贝塔射线和伽马射线。现在我们已经知道，阿尔法射线就是氦原子核，贝塔射线就是自由电子，而伽马射线是高能电磁波，即伽马光子。这三种射线的前两种均带有电荷。这些重要发现连续获得四次诺贝尔奖。当验电器放置在放射性材料的附近时，具有电荷的验电器就会迅速放电，所以验电器放电的速度快慢就成为识别放射性强弱的一个标准。

放射性的发现带给人们一个难以解释的现象，就是放射性会使带有正电荷的验电器产生放电现象。原来当放射性的阿尔法射线经过空气时，会使气体分子电离，形成带正电的离子和带负电的电子。这些带负电的电子会中和验电器中的正电荷，形成放电现象。后来人们发现这种放射性特点似乎在距离放射源或者 X 射线源非常远的地方依然存在，使得在地球上任何地方的验电器都不能长期维持其中的电荷。当时，人们认为这种无处不在的放射性来源于地球上的岩石。

1901 年，威尔逊将验电器带入地下坑道中，发现坑道中并没有放射性减弱的现象。1903 年，卢瑟福发现当使用金属薄板覆盖验电器四周时，验电器的放电速度会稍有减慢。1907 年和 1908 年，分别有人将验电器带到海水中和盐矿中，他们发现在海水或者河水中，放射性程度类似，但是在盐矿中，放射性的强度要比地面上的小 28% 左右。所有这些测量，似乎说明地球上的放射性来自地下，但是不同材料具有不同的阻挡放射性的能力。所以不同介质中放射性的程度不一样。在这期间，威尔逊发明了威尔逊云室，并且获得了阿尔法和贝塔粒子在云室内的踪迹。

1910 年复活节，德国人武尔夫带着有金属薄膜、灵敏度达 1 伏特的验电器登上埃菲尔铁塔约 300 米高的顶部。通过验电器可以确定是否有放射性的产生，他希望能够证实放射性的来源的确是地面。如果是这样，他认为随着高度的增加，放射性会呈指数减少。但是他发现即使在铁塔顶上，放射性的辐射强度不仅没有减少，反而有所增加。当时人们认为地球上的放射性射线主要是伽马射线，所以他们还认为地球上的放射性仍然是来自地下土壤之中。为了提高测量精度，唯一的方法是利用气球升空测量。早期的气球测量已经达到 4000 米的高度，可以肯定的是，在这个高度，气体分子的电离数量并没有任何减少。

1911 年，奥地利物理学家赫斯改进了测量这种辐射的验电器，制成一种简单的离子室。离子室仅包括一个容器，容器的外侧面连接电源负极，容器的内部有一个正电极。正负极之间保持一定的电压。当宇宙线粒子经过离子室时，在它的路径上使气体分子离子化，从而在正负极上产生不同的电压。赫斯利用气球将这种离子室升高到 1100 米的高度（图 40），他发现离子室测量到的放射性的强度仍没有太多变化。在当时升高到这样的高度对人类是十分危险的。经过连续 6 次的升空测量，1912 年 4 月 7 日，赫斯最后一次在日全食的时候再次乘气球上升到 5300 米的高空，利用气球上的电荷仪同样发现了来自太空的带电粒子，刚开始带电粒子的数量随高度增加而不断减少，但是到了一定高度以后，放射性粒子的数量又随着高度增加而不断增加。当到达 5300 米的时候，粒子数量几乎是地面粒子数量的几倍以上。不可否定的是，这种实验存在较大危险，进行实验需要极大的勇气，而这样的实验结果本身就是一种极大的成功。

图 40 赫斯的第一次宇宙线探索之旅

地球大气很好地屏蔽了这种对人体有害的宇宙辐射，同样日全食也并没有使这种带电粒子的数量减少，所以赫斯认为这种带电粒子不是来自太阳，而是来自更遥远的外太空。他将这种辐射称为高空射线。1936 年，赫斯因为他对宇宙线发现的贡献获得诺贝尔奖。

1914 年 6 月 28 日，柯尔霍斯特将气球升高到 9300 米处，证实了赫斯的测量结果，这一天恰巧是第一次世界大战开始的日子。

第一次世界大战以后，一些科学项目的研究中心转移到了美国。1922 年，密立根在美国得克萨斯州和科罗拉多州通过自动记录的无人气球观测宇宙线，他把气球升高到 15000 米高空，正好那个区域宇宙线非常少，他得到的测量结果仅仅是赫斯测量值的四分之一，所以密立根得出了一个否定的结论，认为根本不存在这种外来的宇宙辐射。其实这是因为地球磁场的纬度效应而引起的现象。1925 年，密立根又一次在加州进行高山顶上的观测，他将电荷仪放置在海拔 3600 米和 2000 米的高山盐湖之中，新的观测结果肯定了赫斯等人的结论。他将这两个高度上的辐射强度进行比较，发现两处辐射强度的差别正好等于大气高度差上的吸收。他是第一个使用“宇宙线”这个名字来命名这种辐射现象的人，也是第一个利用高山盐湖中的水体来探测宇宙线的存在的人。

密立根十分善于宣传和鼓动，他将宇宙线描绘成在银河系中原子诞生时的啼哭。同时他将发现宇宙线的成果全归功于自己，完全不提及赫斯等人的工作，以致一些刊物将宇宙线说成“密立根射线”。基于这种形势，赫斯不得不另外发表文章来全面介绍宇宙线发现的实际经过。1927 年，荷兰物理学家克莱通过在印度尼西亚的观测，证实了宇宙线流量受地球磁场的影响，其强度与地球纬度有关。

1928 年，狄拉克把爱因斯坦的相对论、海森伯格的量子理论和用于解释塞曼效应的电子自旋理论结合起来，推导出电子以光速运动的狄拉克方程式。在这个方程中，存在一个如同 $x^2=4$ 有 +2 和 −2 两个解一般的特殊现象。所以他推导出可能存在两种带正负能量的电子形式。1929 年，维尔发表文章探讨了负能量解的数学意义。

在实际实验中，很容易证实正能量粒子的存在，在经典的物理学中，粒子仅仅可以带有正能量，而不可能带有负能量，当时的量子理论中，也同样不允许有负能量的粒子存在。但是既然在数学上存在两个解，电子就有可能在这两种状态之间来回变换，问题是谁也没有观测到实际存在的负能量电子。

1928 年，盖革发明了灵敏度很高的盖革计数器。这种仪器成本低、体积小、响应快，可以记录同时发生的事件。1927 年，斯科别利兹用云室记录了宇宙线的存在。1929 年，柯尔霍斯特发现宇宙线可以穿透薄金箔，它们带有电荷，并具有一定的静止质量。

1929 年 12 月，狄拉克又发表了一篇论文，他怀疑带负能量的电子，就是一个带正电荷的电子。这种观点受到了奥本海默的反对，他反对的理由是：如果是这种情况，那么氢原子就不会存在，而会自行毁灭。在这种观点的影响下，1931 年狄拉克再次发表论文，预测了一种反电子的存在。这种粒子具有和电子相同的质量，但是带有正电荷。狄拉克预测当正电子遭遇负电子时，会产生湮灭效应。

费曼认为这种正电子是一种在时间轴上逆向运动的电子，由于是逆向运动，所以变成了带正电荷。他认为对于任何粒子，均存在着一个相应的反粒子，而这个反粒子所带的电荷与它对应的粒子相反。1933 年，狄拉克获得了诺贝尔奖。

宇宙线的观测历史也是一部宇宙线粒子的发现史。1929 年，斯科别利兹在宇宙线中探索伽马射线时，利用威尔逊云室首次观测到正电子。同一年，还是研究生的赵忠尧也在加州理工学院的实验室中观测到了正电子。但他们都没有对这一项目进行更深入的研究。

1932 年，安德森在宇宙线中首次发现了一种特殊物质，物理学家将它们称为反物质。反物质是正常物质的反状态。当正、反物质相遇时，双方就会相互湮灭抵消，发生爆炸并产生巨大能量。后来物理学家发现每一种物质都有与之对应的反物质。安德森发现的这种反物质正是带正电的正电子，它和普通电子形成正反物质对。1936 年，安德森获得了诺贝尔物理学奖。

1933 年，密立根的学生康普顿从对 X 射线的研究转向对宇宙线的研究。他组织了 60 位科学家，分八次在全球各地 69 个高山站点，对宇宙线在地球上不同地区和不同高度上的流量分布进行了详细测量，分别检测了在海平面上、在 2000 米高地和在4360米高山区域的大量数据。最终的调查结果证明，宇宙线在极区数量最多，而在低纬度的区域数量较少。另外宇宙线在高山的顶上流量很大，随着高度的降低，宇宙线流量也变得越来越少。在这次大规模的探测工作中，有两名探测队员在山区遇难。

康普顿当时所使用的是一种经过改进的离子室。这种球形云室中充满了氩气，而在云室的周围覆盖着三层厚厚的金属隔离层，外面两层是铅隔离层，里面一层是铜隔离层，以防止仪器受到附近区域的放射性的影响。这种仪器对宇宙线的普查十分有利。1923年，康普顿在芝加哥大学任教，与迈克耳孙共事。康普顿根据动量守恒定律，发现X射线在散射时，会发生波长的变化。1927年他因此获得了诺贝尔奖。

1932年，安德森在有磁场同时中间有铅板的云室之中，记录到正电子这种反物质的存在。电荷的正负可以从轨迹的偏转方向中判断出来，而粒子的质量可以根据轨迹的长度来计算。电子的轨迹比质子的轨迹要长很多。1936年，安德森和赫斯同时获得了诺贝尔奖。

1937年，安德森在宇宙线中发现了介子。汤川秀树认为这种介子就是在原子核中连接质子和中子从而使原子核稳定存在的介质。但是介子的特性和当时科学家们预测的并不一样，这使得介子理论遇到了很大的困难。1942年，汤川秀树认为可能有两种不同的介子存在。之后其他基本粒子也不断被发现。

1947年，鲍威尔在玻利维亚5250米的高山上终于发现了汤川秀树所预测的介子，为此汤川秀树和鲍威尔分别获得了1949年和1950年诺贝尔奖。在这以后，在宇宙线中搜寻新粒子的工作不断取得进展，不过到1970年以后，新的粒子就很难在空间宇宙线中发现了，搜寻新粒子成为高能加速器所特有的工作。

早在1953年，粒子物理学界就已经认识到了建造高能加速器的必要性。高能粒子加速器和对最高能量的宇宙线的间接探测装置的规模之大、占地面积之广、耗费资金之多，在当时都是人们不敢想象的，至今这些装置仍然是科学研究中的最大、最贵重的设备。

高能加速器的研制工作是从 1929 年开始的，伯克利大学的物理教授洛伦兹申请了一种不需要高电压来加速粒子的专利，1934 年该专利获得批准，这就是回旋加速器的诞生。通过回旋加速器所产生的高速粒子的撞击，科学家获得了很多人工制造的放射性元素。1939 年，洛伦兹因此获得了诺贝尔奖。1954 年，费米计算了地球上最大加速器的能量极限仅仅为 5000 太电子伏特。1955 年，在回旋加速器中产生了质子的反物质，即反质子，1956 年，科学家们又发现了反中子。西格雷和张伯伦因为发现反质子于 1959 年获得了诺贝尔奖。

1933 年，切伦科夫发现了宇宙线大气簇射中的蓝光现象，现在这种现象被称为切伦科夫辐射（切伦科夫光）。同一年，罗西发现了到达海平面的宇宙线中 50% 的粒子可以穿透 1 米厚的铅层，他还发现由西向东的、带正电荷的宇宙线粒子的数量要大于由东向西的粒子数量。1938 年，罗西和俄歇在阿尔卑斯山上首次发现了宇宙线的大气簇射现象，同一个大气簇射中的所有次级粒子来源于一个高能宇宙线粒子的撞击，在一定的高度上以宇宙线的射入方向为中心，形成能量越来越低、尺寸范围越来越大的近似于抛物面的“粒子雨”。俄歇通过延展式切伦科夫望远镜对大气簇射进行观测，从而探测到了能量达到 10^{15} 电子伏特的宇宙线粒子。俄歇很有组织能力，他曾经参加组建 1954 年成立的欧洲核子研究中心和 1964 年成立的欧洲空间研究组织（欧洲空间局的前身）。

1940 年 ，AD-17 飞机被用于在南极上空 6400 米处进行宇宙线观测。1947 年，科学家通过气球在南极 38000 米高空又进行了一次宇宙线测量。

1949 年，费米正确地解释了低能量宇宙线的能量来源，他认为能量低于 10^{16} 电子伏特的宇宙线是由普通带电粒子在银河系磁场中经过加速获得的，在太阳风中有时也会产生这样的高能量宇宙线。这种宇宙线辐射数量很多，常常被看作一种天空背景噪声。可惜的是，数量非常少的、能量极高的大于 10^{20} 电子伏特的宇宙线的成因至今仍然没有办法解释。

图 41　苏联发射的第二颗人造地球卫星

1950 年，美国海军实验室在太平洋岛上通过发射火箭进行了对宇宙线的观测。1952 年到 1957 年，范艾伦开始通过在气球上发射火箭来对高空宇宙线、X 射线、紫外线和地外磁场进行系统测量。1957 年，苏联首先利用人造卫星来观测宇宙线。同年 11 月，苏联发射的第二颗人造卫星（图 41）上就安装了探测宇宙线的盖革计数器。

苏联在 1959 年发射的月球 2 号和 3 号人造卫星（图 42）证实了地球周围存在高能粒子辐射带，即范艾伦带。1959 年 10 月发射的美国探索者 7 号（图 43）也证实了这个发现。1968 年 11 月，苏联发射了专门探测高能宇宙线的质子 4 号人造卫星（图44）。

图 42　月球 2 号（右）和 3 号（左）

图 43　美国发射的探索者 7 号卫星

图 44　苏联发射的质子 4 号人造卫星

18

球载宇宙线望远镜

宇宙线本身是粒子，所以探测宇宙线时使用的主要探测器都属于粒子探测器范畴。这种探测器的原理基本是：当外来粒子和探测器材料接触以后，粒子的一部分能量将转移到探测器材料中，转化成为人们可以感知的某种能量形式。粒子能量具体会转变成什么形式，则取决于每种探测器的具体设计。在宇宙线的探测中，主要的探测量分别是：粒子的质量和它的电荷量、粒子的动量或者能量以及粒子的入射方向和速度。为了确定粒子的身份，一般需要用两种不同的测量方法来测量它的质量、电荷量和速度。

探测宇宙线的主要仪器有电离探测器、闪烁探测器、切伦科夫探测器、转换辐射探测器、量能器以及描迹仪等等。

电离探测器 (Ionization Detector) 通常指充有气体并存在电压差的正负电极板或者由线状内部正电极和外壳负电极构成的一种装置。当电离的粒子进入气室以后，沿着粒子路径的气体分子会离子化，使得电极上沉积电荷。能量大的粒子在气室中会产生更多的离子和电子对。根据装置的电压从低向高的顺序，这些装置分别是电离探测器、正比计数器、盖革计数器和威尔逊云室等等。与此同时，照相底片甚至三维照相底片也被应用于对放射性踪迹进行记录。

在闪烁探测器 (Scintillation Detector) 中，粒子能量的减少与经过闪烁材料的路程有关，在这个过程中粒子的能量会转化为人眼可以看见的可见光，这种可见光可以用光电倍增管来加以接收，并传递其中的信息。探测器所使用的闪烁材料可以是无机材料，如碘、磷、碘化钠、碘化硒、液态惰性气体、氩或者氙等，此外，也可以使用有机材料，如碳氢化合物的液体，或者一些塑料材料。

当高能粒子在大气或者在其他介质中以大于光在这个介质中的速度传播时，就会产生切伦科夫可见光。利用这种特性，可以制造截止式的探测器，这种探测器仅仅对速度大于介质中光速的粒子有响应，通过收集因此产生的可见光能量，就可以了解高能粒子的速度。这种探测器的光能区域比较集中，可以用光电倍增管来收集全部光能。

转换辐射探测器 (Transition Radiation Detector) 是通过测量转换辐射效应来探测粒子的探测器。转换辐射是高速带电粒子穿越两种不同折射率的介质边界时产生的 X 射线辐射，而轻粒子产生这种次生 X 射线的可能性往往较大，这样产生的 X 射线可以通过离子式探测器接收。

量能器（Calorimeter）的主要部件是吸收体。高能粒子撞击吸收体时，会释放出它的全部或者绝大部分能量，这些能量会转换为温度增量。电磁波量能器可以测量轻粒子（如电子和光子）的能量，而重子量能器可以测量原子核的能量。

在宇宙线的探测中，描迹仪（Hodoscope）也是很重要的探测仪器，它是确定带电粒子轨迹的仪器。描迹仪常常是由记录粒子经过地点的一块块特殊几何形状的闪烁材料拼合而成的，当宇宙线粒子进入闪烁材料时，会产生可见光，可见光由光电倍增管或者开关式的二极管来记录下来。最常用的是一块块长条形的材料，两组互相垂直的长条形闪烁材料可以分别给出粒子和描迹仪平面交点的 x 和 y 坐标。

通常在描迹仪中有四到五组这样的长条形闪烁材料，从而可以给出粒子在描迹仪空间内的运动轨迹。

有几个因素影响了人类对宇宙线的观测。首先地球大气层会和宇宙线发生作用，所以宇宙线的直接观测只能在轨道空间和大气上层进行，直接观测的工具包括气球、火箭和人造卫星。

早期（1912 年到 1932 年）对宇宙线的气球观测是由人工在气球上进行的，这时的飞行高度虽然比较低，但是对参加探测的人员仍有很大的危险性。在后期（1932 年到 1947 年），操作人员有了高压舱，安全有了保证，载人的探测气球可以到达 23000 米，而无人操作的探空气球则可以到达 3 万米的高空，并且已经有了无线电通信。

1947 年以后，由于塑料的直接应用，有了更轻便、更结实的材料，气球观测进入了现代球载望远镜的新阶段，可以承载更大的载荷。球载望远镜的实验为空间望远镜的成功发射奠定了理论和技术基础。1948 年，探空气球可以工作在 29000 米的高空，这种探空气球望远镜第一次在宇宙线中发现了重原子核的粒子。之后的探空气球甚至可以上升到 3 万米高空。

比较重要的气球望远镜有 1983 年到 1996 年日本和美国合作放飞的宇宙线望远镜 JACEE，它的主体是一个量能器，在量能器的上层是电荷探测器和宇宙线所撞击的吸收体材料。1995 年到 1999 年放飞的有苏联和日本的联合球载望远镜 RUNJOB，这台望远镜主体也

图45 ATIC 球载望远镜的探测器和吊篮

是一台量能器。

目前最重要的宇宙线球载望远镜是高新薄离子量能器（ATIC）（图 45），这个项目是由美国、俄罗斯、中国和德国参与的一个联合宇宙线球载工程，中国参加这个项目的单位是紫金山天文台。这台望远镜现在已经放飞了四次，第一次是在 2000 年年底至 2001 年年初，第二次是在 2002 年年底至 2003 年年初，这台望远镜的第三次放飞非常不成功，在 2005 年年底刚刚升空，气球就发生故障，刚到达 75000 米上空就迅速下降，好在仪器没有损失。第四次升空是在 2007 年年底至 2008 年年初。

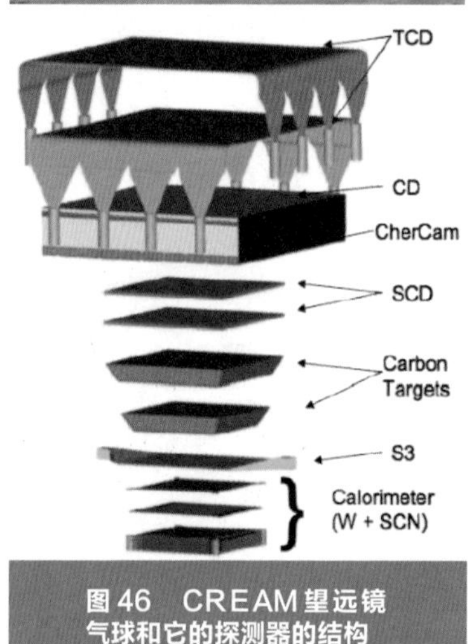

图 46　CREAM 望远镜气球和它的探测器的结构

另一个重要的宇宙线球载望远镜是宇宙线能量和质量实验（CREAM）（图 46)，这是一个美国、墨西哥、法国和韩国的合作项目。它所采用气球的体积达 4 千万立方英尺，可以上升到 40 千米高度。在这个望远镜中，从上至下分别是时间电荷探测器（TCD）、切伦科夫探测器（CD）、切伦科夫照相机（CHerCam）、硅电荷探测器（SCD）、碳靶标（CT）、描迹仪（S0−3）和钨－闪烁纤维量能器（W+SCN）。

早期直接进行宇宙线观测的望远镜是装载在火箭和气球上的宇宙线望远镜，这种望远镜观测时间十分有限，要捕捉能量比较高、流量很少的宇宙线粒子，只有依靠在空间轨道工作的空间宇宙线望远镜。在空间宇宙线望远镜中，最著名的是基于国际合作而建造的阿尔法磁谱仪。

19 阿尔法磁谱仪

对能量不是特别高的宇宙线的观测常常是在空间轨道上进行的。在空间望远镜中，阿尔法磁谱仪（Alpha Magnetic Spectrometer）是一个附着在国际空间站上的空间观测仪器。通过它的观测，可以区分出宇宙线粒子的电荷正负、电荷大小以及粒子的质量。

谈到阿尔法磁谱仪，不能不提到丁肇中教授。丁肇中出生于 1936 年，是知名的华裔物理学家，籍贯为山东省日照市。他 12 岁开始上学，高中毕业后，获得美国密歇根大学奖学金。入学以后，他开始在工程系学习，后来转入数学物理系，1962 年获博士学位。毕业以后丁肇中一直在欧洲核研究机构工作，并担任美国麻省理工学院教授，在工作中他几次发现同事的错误，改变了量子电动力学的部分理论。丁肇中发现了一种新的次原子粒子“J 粒子”，1976 年因此获得诺贝尔物理学奖。因为这个原因，他主持了阿尔法磁谱仪的工程。

1993 年，丁肇中教授邀请来自美国、欧洲多个国家和中国的科研单位共同建设阿尔法磁谱仪，中国主要承担磁谱仪中的核心——磁铁部分。研制工作从 1994

年开始，中国方面的主持人是物理学家唐孝威。1996 年磁铁样品完成，1997 年整个磁铁部分制造成功，分别安装在阿尔法磁谱仪 1 号和 2 号望远镜中。

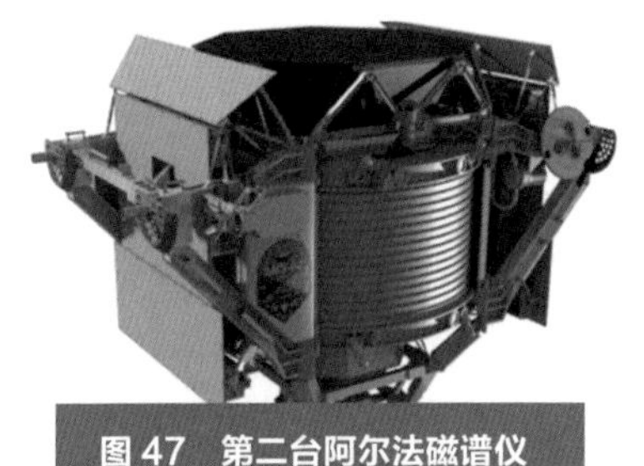
图 47　第二台阿尔法磁谱仪

阿尔法空间磁谱仪中的第一台于 1998 年被送入太空，它在国际空间站仅停留了短暂的 10 天时间。在这期间，它一共捕捉到了 1 亿个宇宙线粒子。这台磁谱仪使用的是经典锂铁硼永磁体磁场。

第二台阿尔法磁谱仪（图 47）于 2011 年由奋进号航天飞机护送升空，这是奋进号航天飞机的最后一次发射，所以对这次发射，中国的科技界和媒体非常关注。

令人意想不到的是，就在这个关键时刻，美国新出炉了一个所谓的“沃尔夫条款”，严禁中国媒体记者采访美国的航天飞机。虽然在这之前美国航天局已允诺给予中国记者采访通行证，但要求采访磁谱仪发射的中国媒体记者竟然全部被拒之门外。中国记者不能像其他国家记者一样到现场观看航天飞机升空，也不能参加航天局举行的新闻发布会。这个事件成为国际科技界的一个重要新闻。

阿尔法磁谱仪 1 号使用的是经典铌铁硼磁铁材料。整个探测器机械结构的设计、制造和环境试验都是由中国运载火箭技术研究院承担的，精度非常高，能达到航天飞机在起飞和着陆时对机械结构强度的苛刻要求。中国水利水电科学研究院承担了对机械结构强度的试验工作。中国科学院电工研究所、中国科学院高能物理研究所和中国运载火箭技术研究院成功地研制出了阿尔法磁谱仪中最关键的永磁体系统，包括用高性能钕铁硼材料制成的永磁体和支撑整个磁谱仪的主结构。根据磁体系统对高能粒子吸收作用小的特点，实现了磁体力矩不受到地磁场的影响的效果，从而极大减少了内磁场对空间飞行的影响，解决了一个几十年来一直存在的不能将较强磁体送入外层空间运行的技术难题。第一台阿尔法磁谱仪的造价是 15 亿美元。

阿尔法磁谱仪 2 号原定采用低温超导材料制造磁铁，但是在磁铁制造期间，超导磁铁出现了反常加热的问题，所以最后又改为功能较弱的永久磁铁。永久磁铁的磁场强度仅仅是低温超导磁场的 20%。第二台磁谱仪的总造价是 33 亿美元。

传统的依靠能量探测的空间粒子探测器的探测极限一般只有几百兆电子伏特，如果粒子能量大于这个数字，就很难在空间进行直接探测。而阿尔法磁谱仪则将可探测粒子的能量上限提高到了几百兆到几太电子伏特。如同在可见光区域利用棱镜进行分光一样，在固定磁场的作用下，不同动量、不同能量的带电粒子在磁场之中将形成拥有不同曲率的前进路线，由此可以精准确定它们的能量分布。

在磁谱仪中最重要的是一个直径 1.105 米、高度 0.8 米的磁铁环。没有这个磁场，宇宙线粒子将沿着直线穿过磁谱仪；有了这个磁场，带不同的电荷的粒子就会在磁场中留下曲率不同的轨迹。这个磁环是由 6000 块长、宽、高分别为 5 厘米、5 厘米和 2.5 厘米的强磁铁胶合而成的，它的内部磁场比地球磁场强 3000 倍。由于永磁体的外部存在非常好的磁场屏蔽层，所以对入射前的宇宙线以及与之相连接的国际空间站均没有任何影响。因为永磁体的寿命可以维持到 2020 年，所以磁谱仪的寿命也是到 2020 年。

在这个磁谱仪中，共配置有 20 层由 328 块硅材料部件组成的粒子示踪器，每一个示踪器部件有 16 个充满氙气、二氧化碳的细管和由 20 毫米的聚丙烯塑料纤维组成的放射源。当电子或者正电子经过这些细管时，会产生 X 射线；当质子经过时，则不产生 X 射线。

在磁谱仪的最上方和最下方是飞行时间探测器。宇宙线粒子一进入磁谱仪，磁谱仪内的所有探测器均进入工作状态，而当粒子到达磁谱仪的下面时，其他探测器将停止工作。飞行时间探测器是两个双层的闪烁计数器，它们之间的距离是 1.3 米，可以精确测量粒子的穿越时间。通过对粒子的电荷量和轨迹曲率的测量，就可以确定粒子的电荷量和电荷的符号。这就是现代磁谱仪进行宇宙线观测的基本原理。

如果没有磁场，带电宇宙线粒子就会沿直线运动，而磁谱仪中如果没有一系列的硅跟踪器，就不能探测粒子轨迹的弯曲。在磁谱仪中，科学家分别在磁场的前后和磁场之内安排了 9 层共 2264 个双面硅跟踪器单元，这些硅跟踪器需要有自己的散热装置。通过硅跟踪器获得的信息，可以得知粒子所带电荷的正负，这时如果加上其他探测器得到的信息，磁谱仪还可以识别出宇宙线中的反物质粒子。为了保持硅跟踪器本身的准直，磁谱仪使用了 20 个激光光束来修正跟踪器本身的位置误差。

为了了解粒子的质量，阿尔法磁谱仪同时装备有环状切伦科夫成像计数器。这种计数器可以用于测量粒子的速度，从而用来计算粒子的质量。切伦科夫成像计数器包括一组气雾室和 NaF 板，在探测平面上还有 680 个多电极的光电倍增管，从而可以探测切伦科夫效应所产生光束的确切形状。

在磁谱仪中，电磁量能器也发挥着重要的作用。通过量能器，科学家可以从 10 万个质子中区别出其中的一个正电子，也可以从 100 个电子中区别出一个反质子。电磁量能器是一个超级多层结构，包括 11 组由一层厚铅片一层闪烁纤维材料交替形成的探测板。

2011 年，阿尔法磁谱仪 2 号被送到国际空间站进行对宇宙线的直接观测，用于搜寻宇宙线、反物质和暗物质。

空间宇宙线的能量分布范围很广，分布宽度达 12 个数量级，从 10^8 电子伏特一直延伸到 10^{20} 电子伏特。在 10^9 电子伏特量级上，宇宙线的流量高达每平方米每秒每弧度角 100 个粒子。太阳耀斑可以将粒子加速到 10^{11} 电子伏特的量级。当能量是 10^{14} 电子伏特时，宇宙线的流量只有每平方千米每秒每弧度角 1 个粒子，它们是在冲击加速过程中产生的。这种粒子的能量太大，使用小口径望远镜进行观测会受到很大的限制，以至于不能够用空间望远镜或者磁谱仪来直接测量它们，这时必须采用大气簇射阵列来探测它们。

20

宇宙线所引起的大气簇射

受发射火箭的体积和发射成本的限制，空间宇宙线望远镜的接收面积十分有限，一般均限制在几米数量级的尺寸范围内，而宇宙线流量则随着宇宙线粒子能量的增加呈指数量级急剧减少。空间宇宙线望远镜非常小的接收面积不适用于对高能宇宙线粒子的观测，而在天体物理中，高能宇宙线粒子仍然是一个十分重要的研究课题。当宇宙线能量达到 10^{19} 电子伏特时，已经超出了地球上的任何加速器所能产生的能量的极限，这样高能量的宇宙线甚至在银河系内都很难产生，它们只能来自远方其他的特殊天体或者从宇宙弦机制中产生。

对宇宙线的直接观测只能在宇宙线频谱的低能量部分进行，这一部分能量大约在 10^{8} 电子伏特到 10^{15} 电子伏特之间。对所有从 10^{13} 到 10^{21} 电子伏特的高能宇宙线的观测都只能在地面或者高山上通过非直接观测方法进行，这时所观测到的并不是宇宙线粒子的直接效应，而是宇宙线粒子经过大气后所产生的次级“粒子雨”，即大气簇射。

高能宇宙线会引起大气簇射的现象是从 20 世纪 30 年代开始被注意到的，那时候宇宙线的观测仍然处在它的早期阶段，盖革刚刚发明了对放射性粒子探测稳定、响应非常快的盖革计数器。当时意大利物理学家罗西认为，赫斯发现的高空辐射现象可能是由具有高能量的粒子引起的，为此他发明了一种由三个盖革计数器组成的带电粒子测量仪器，三个计数器分别放置在同一个竖直面上三角形的三个端点上。这样当一个粒子直线进入仪器时，最多也只会引发两个计数器的响应，而不会使三个计数器同时响应。罗西还极大地改进了计数器的时间分辨能力，使仪器的时间分辨率提高了 100 倍。1933 年，罗西远征到非洲的高山地区进行宇宙线观测，在这次观测中他发现来自天外的宇宙线主要是一些带正电荷的粒子。同时他还发现，在他的仪器中三个盖革管在很多时候会同时产生相关响应（图 48）。经过一段时间的测量和分析，罗西发现当仪器完全暴露在大气中时，所观测到的三个盖革管的并发现象相关度为零；而当在仪器的外面包上一定厚度的铁或者铅遮挡层以后，这种并发现象的相关度会迅速上升且接近于 1；在吸收层厚度再进一步增加以后，这种并发现象的相关度才有所降低。罗西认为，在大气中的宇宙线粒子进入屏蔽层材料以后，会产生次级粒子，令相应的仪器出现响应。而当屏蔽层材料增厚时，这些次级粒子会被屏蔽层材料大量吸收。

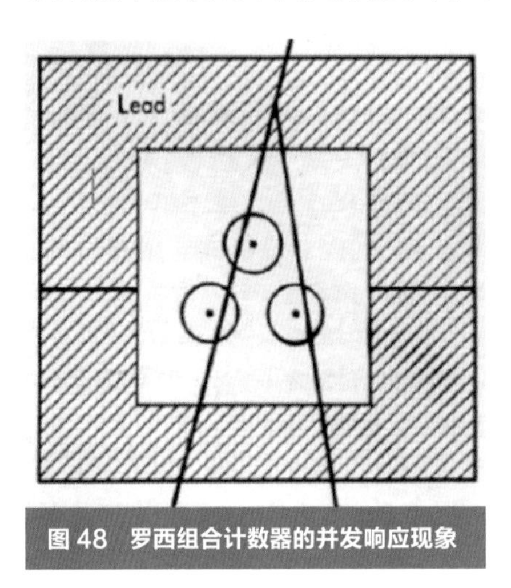

图 48　罗西组合计数器的并发响应现象

以往的云室在观测宇宙线时，必须使气体处于膨胀阶段。如果粒子进入云室太早，产生的离子会慢慢消失在气体中；而如果粒子进入太晚，气体在形成粒子轨迹之前，就已经升高了温度。所以早期的云室的响应是随机发生的，只有在十分幸运的时候，才能够获得宇宙线的踪迹。1933 年，布莱克特使用了改进后的新云室，记录了高能宇宙线粒子在接近云室空间时和大气分子产生碰撞的情景，获得了许多条带电粒子踪迹的图像，其中最多的一次记录下了 16 条带有正负电荷的次级粒子的踪迹（图 49）。

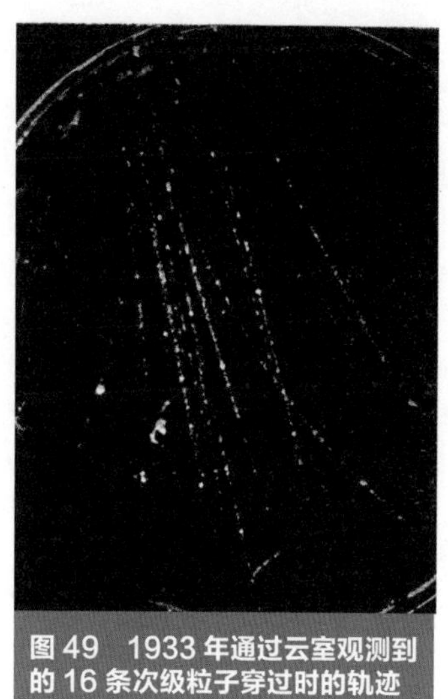
图 49　1933 年通过云室观测到的 16 条次级粒子穿过时的轨迹

利用罗西观测所获得的结论，从 1938 年到 1939 年，施迈瑟以及俄歇等分别测量出这种次级粒子在大气中产生的并发现象在水平距离上的相关度函数，他们的测量精度随着仪器时间分辨率的提高而不断地提高。他们根据测量结果，初步估计出源头上宇宙线粒子的能量已经达到 10^{15} 电子伏特。到这时，宇宙线所引起的大气簇射现象已经被发现，但是大气簇射中各种粒子的详细信息还正在探索之中。

当时探测宇宙线大气簇射的主要工具仍然是经典的云室和密集分布的盖革计数器。到 20 世纪 30 年代后期，天文学家已经了解到宇宙线大气簇射主要是一些强子、缪子和电子等等。到 40 年代，人们对大气簇射粒子成分的了解又深入了一步，原来在大气簇射中一共存在两种带电介子和一种中性介子，而大气簇射中的缪子和缪子型中微子是由次级带电介子所生成的多级粒子。

宇宙线大气簇射中的全部二级粒子在宇宙线粒子方向上会形成一个分布很小的主粒子束，而之后产生的多级粒子则在这个粒子束的周围形成一个较分散的横向分布，这个横向分布随高度的降低会不断增大。由于次级粒子的不同的路程和不同的速度，所有的次生粒子会围绕主粒子束形成一个很薄的、弯曲的圆盘形分布，圆盘面和主粒子束的中轴相垂直。

在粒子大气簇射的形成过程中，宇宙线中 90% 的能量将损失在大气簇射之中。它所产生的粒子的数量随着粒子进入大气层的深度增大而逐渐增加，然后达到一个最大值，之后新粒子数量又会迅速减少。这个过程中次生电子的寿命要比次生介子的寿命长。

高能宇宙线粒子大气簇射往往同时伴随着一系列可以探测到的次级辐射，这些辐射有的位于可见光波段，是由超光速的电子和正电子产生的切伦科夫辐射；有的位于可见光和紫外线区间，由次级粒子激发大气分子形成，这部分辐射主要是氮的电子能级变化所引起的荧光辐射；此外还有位于射电波段由高速电子在地球磁场中运动所产生的同步辐射。

在大气簇射中，电子和正电子的运动速度会大于光在大气中的速度，这时就会产生类似于激波的切伦科夫蓝光辐射现象。荧光辐射主要是由于大气簇射中的次级电磁波粒子和大气中的气体分子（主要是氮）发生作用，其中的激化能量引起可见光和紫外光的辐射。射电辐射则主要来自电子或者正电子在地球磁场中的运动，由于这些粒子的速度接近光速，所以会产生同步辐射，这种辐射的频率一般低于 100 兆赫。另外由于和切伦科夫辐射相似的原因，在射电波段会产生阿斯卡莱恩效应，也会辐射出射电信号。近年的观测发现，次级粒子中的等离子电子和大气分子碰撞时也会产生一种轫致辐射，这种辐射发生在微波波段。对宇宙线的非直接观测就是分别观测宇宙线所引起的大气簇射粒子或者因大气簇射而产生的一些辐射现象。

21

大气切伦科夫望远镜阵

对宇宙线的观测分为直接观测和间接观测两种。直接观测是在空间进行的，主要采用气球、火箭和卫星作为望远镜的载体来实现观测。直接观测的宇宙线能量较低，在这种状况下，粒子的流量密度一般要大于每平方千米每秒每弧度角 1 个粒子，所以直接观测的宇宙线的能量极限大约是 10^{15} 电子伏特。

当宇宙线的能量接近或者大于 10^{12} 电子伏特的时候，宇宙线所引起的大气簇射可以全部或者部分穿透地球大气，同时它的流量密度常常小于每平方米每秒每弧度角 1 个，这时就不得不采用在地面或者高山上的望远镜阵和延展式大气簇射阵这样间接的观测设备。

大气切伦科夫望远镜在本丛书第 4 册中已经进行过介绍，它是一种间接观测宇宙线和伽马射线的天文望远镜。由于宇宙线的大气簇射和伽马射线的大气簇射具有十分相似的特点，所以宇宙线的观测也可以使用观测伽马射线的切伦科夫望远镜或望远镜阵来进行。

当宇宙空间的伽马射线或宇宙线进入大气以后，会与大气气体分子碰撞而产生次级粒子，这些次级粒子以高于光在大气中的速度前进，从而产生切伦科夫效应，发出微弱的蓝光。大气切伦科夫望远镜就是通过收集这些蓝光来探测伽马射线或者宇宙线的仪器。这种切伦科夫效应不仅发生在大气中，而且也发生在冰和水中。这种次生的辐射不仅存在于可见光范围内，而且也存在于射电频段中。在射电(0.2 ~ 1 吉赫兹) 区域，这种效应被称为阿斯卡莱恩 (Askaryan) 效应。

不仅伽马射线，来源和性质完全不同的宇宙线和中微子也同样会产生切伦科夫效应，这种效应同样出现在甚高能、超高能和极高能 (100 拍电子伏特 ~ 100 艾电子伏特) 的宇宙线和中微子之中。在这种效应中，宇宙线会产生出更多的次级粒子，包括正负电子、伽马光子、π 介子、强子和中微子。因为这个原因，切伦科夫伽马射线望远镜同样可以用于对宇宙线的观测。有的时候，伽马射线、宇宙线和中微子的观测会使用同一台切伦科夫望远镜进行。

当高能量的宇宙线粒子进入大气层以后，会和大气分子的原子核发生作用并失去一部分能量。在高能量的水平上，这种相互作用会产生次级粒子，这种次级粒子主要是正、负和中性的 π 介子。这些新产生的粒子会继续和大气分子的原子核发生作用，从而产生新的、更多的粒子。这种粒子数不断地倍增的过程就是大气簇射。同时中性的 π 介子会衰变成两个伽马光子，伽马光子也会通过电子对效应产生新的正负电子对，而正负电子对经过同步辐射又会产生新的伽马光子。带有电荷的 π 介子在一定时间以后也会产生衰变，如果这些 π 介子在衰变之前和大气分子的原子核产生碰撞，则会产生出缪子和中微子。这种“粒子雨”就像一片不断增大的大饼一样以接近于真空中的、大于在大气中的光速不断地向地面前进。这个能量减少的过程会不断重复，直到宇宙线粒子的平均能量减少到 80 电子伏特以下。在这个能量上，粒子和原子核发生作用后，所有能量都会被吸收，“粒子雨”也将会停止。宇宙线粒子被完全吸收的高度被称为大气簇射的极大值。具有极高能量的宇宙线所形成的大气簇射被完全吸收的高度距离地面很小。在这个时候，虽然这张“大饼”中的粒子数量不再增加，但是粒子之间的相互作用会使粒子之间的横向距离继续增加。当“粒子雨”到达地面的时候，这张“大饼”的尺寸会达到几百米以上，厚度会达到一至两米。

伽马射线和宇宙线所形成的粒子雨之间的最大区别是粒子雨的组成成分。伽马射线的粒子雨包括正、负电子和伽马光子，而宇宙线的粒子雨还包括缪子、中微子和强子。所谓的强子是质子、中子和 π 介子。缪子具有正电荷，而中微子是不带电荷的。缪子可以用盖革 - 弥勒计数器 (Geiger-Muller counter) 来观测，中微子主要是用切伦科夫荧光探测器来观测。在切伦科夫大气簇射中被观测到的粒子数量取决于宇宙线粒子的能量水平、观测站的高度和大气簇射形成时的起伏效应。

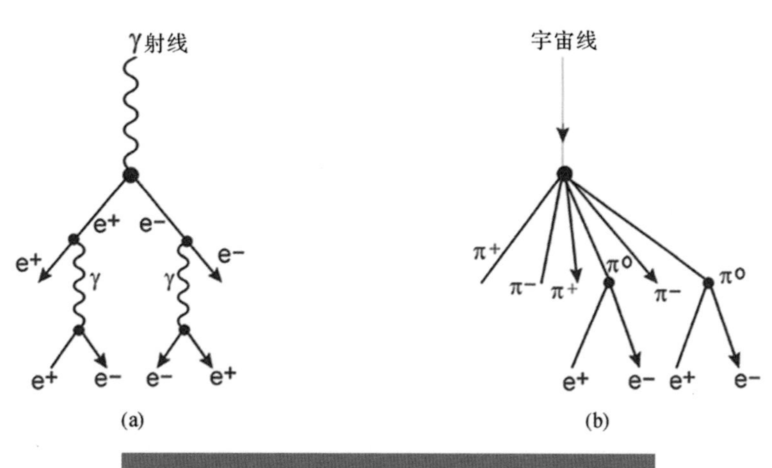

图 50 伽马射线和宇宙线所形成的大气簇射的主要区别

大气切伦科夫望远镜是在没有月亮、没有云的夜晚专门观测微弱的切伦科夫光的地面光学望远镜。在大气中只有千分之一的大气簇射起源于伽马射线，其他的 99% 以上均来自宇宙线粒子。图 50 给出了伽马射线和宇宙线所产生的大气簇射的区别。从外形上，伽马射线所产生的大气簇射分布对称，相对紧凑，在横向方向上动量较小；宇宙线粒子产生的大气簇射则分布范围大、不对称，在横向方向上动量大。在地面上用切伦科夫光学望远镜去观测就是在大口径的光收集器焦点上利用一个光电管阵来记录大气中的切伦科夫辐射的分布图。伽马射线的大气簇射辐射能量比较集中，当光雨方向和光轴方向相同时，所形成的像斑为正圆形，并且像正好位于视场的中心；当光雨方向和光轴方向平行时，所形成的像斑为椭圆形。宇宙线粒子大气簇射所形成的像斑则具有非对称性，而且光斑不集中，具有较大的弥散范围。

主要的大气切伦科夫望远镜阵有大型大气伽马射线成像切伦科夫望远镜（MAGIC）、高能立体视野望远镜阵（H.E.S.S.）、甚高能辐射成像望远镜阵（VERITAS）和 CANGAROO，另外一些太阳能发电装置经过简单的改造也可以成为宇宙线大气切伦科夫望远镜。这些望远镜阵已经在本丛书第 4 册中进行了介绍。

22

高分辨率蝇眼宇宙线探测器

在宇宙线撞击大气分子以后，会产生一系列的次级粒子，形成规模壮观的大气簇射现象。这些次级粒子以超过光在介质中的速度前进，从而会产生类似激波的切伦科夫效应，发出呈圆锥形分布的蓝色微光。

除了这种效应以外，当大气簇射中存在的高速电子撞击到大气氮原子时还会激发出特殊的荧光效应，氮原子受激发所引起的荧光效应发生在 300 纳米 ~ 400 纳米的紫光区域。荧光现象在日常生活中十分普遍，比如在 1939 年被发明的荧光灯的原理就是电子在灯管中撞击水银原子发出紫外光，而灯管中的磷原子吸收紫外光发射可见光。所谓荧光现象常常是指原子吸收一种电磁波，然后发射出另一种频率不同的电磁波的现象。在大气簇射中，带电粒子在地球磁场中的运动也伴随着电磁波的同步辐射现象，不过这种同步辐射主要发生在射电波段。这些辐射的强度和宇宙粒子的能量有着直接联系。

在一个大的视场范围内收集大气簇射所形成的切伦科夫蓝光和大气氮原子受激发所产生紫光的光学装置被称为大气荧光望远镜。相对应的，通过射电天线接收大气簇射中射电信息的装置被称为大气簇射射电接收器。

传统的大气切伦科夫望远镜视场角很小，望远镜的效率较低。为了提高效率，观测大能量宇宙线大气簇射所形成的在空间大范围内分布的荧光现象，天文学家发明了比光学施密特望远镜视场大很多的荧光望远镜。这种望远镜对成像质量要求不高，它的结构比较简单，基本上就是一个球面主镜加上一个在球心位置上的光阑。有的望远镜还在光阑内边缘加上了一圈圆环形的光学改正镜，这种特殊望远镜的有效视场可以达到 15 度左右。

当宇宙线中的带电粒子在大气中形成大气簇射时，气体分子会发生电离并且产生紫外光和可见光。这些荧光可以用透镜或者反射镜聚焦在 CCD 上并被记录下来。

早在 20 世纪 60 年代，美国洛斯阿拉莫斯国家实验室首先发明了荧光探测器技术，用于观测大气核试验所引起的荧光。在进行核试验的时候，核爆炸会产生很多带电粒子，这些粒子在穿过大气层时会产生很多荧光，如果将这些荧光的总强度收集起来，就可以直接估计出核爆炸的总能量。

在地面上，大气切伦科夫望远镜可以用于高能宇宙射线的观测。然而随着能量水平的提高，宇宙射线的流量会变得非常的小，这时所需要的望远镜必须具有很大的区域覆盖和非常大的视场。所以在超高能和极高能的能量区域，就需要一些专门的、占地面积很大的宇宙线望远镜，如广延大气簇射望远镜阵和荧光望远镜。有的时候，这两种观测望远镜也会和分布于地面、地下以及深入水中的粒子探测器同时使用，形成一个分布面积很广的大气簇射望远镜。

在一些参考书中，还使用了“超高能宇宙线”和“极高量宇宙线”的名称，这些名称分别是指能量在 1 艾电子伏特和 50 艾电子伏特以上的宇宙线。在这样高的能量级上，宇宙线的流量已经少于每平方千米每 100 年 1 次了。如果要探测这种量级的宇宙线，则需要有安置在太空的广角荧光望远镜。

使用光电倍增管的水下切伦科夫效应闪烁计数器受到了光在水中消光效应的强

烈影响，所以它的应用受到了一定的限制。这种荧光在空气中的消光长度比较大，达 12 千米，因此这种微弱的荧光（波长大约在 200 纳米到 450 纳米之间）可以在很远的距离上被探测到。当带电荷的宇宙线粒子的轨迹和大气中的氮分子十分接近时就会产生这种荧光，这时如果用带有光电倍增管的广角望远镜或者照相机观测，就可以获得这种大气光雨的轨迹。如果望远镜具有很大的视场，那么这个望远镜就可以覆盖很大的天空区域。这种特殊的极大视场宇宙线荧光望远镜可用于对极高能量宇宙线进行观测。

宇宙线荧光望远镜有几种不同的设计，最简单的就是一个在焦点放置了光电倍增管的球面反射镜。如果光斑大小为 1 度的话，它可以达到的视场为 15 度。这种望远镜已经用在犹他州的高精度蝇眼工程中。一种改进后的设计是在这个镜面的曲率中心，即球心面上加上一个光阑，这样视场就可以达到30度（图 51），在皮埃尔 · 俄歇天文台使用的就是这种设计，它使用的主镜尺寸为 3.5 米，而光阑的直径为 1.7 米。

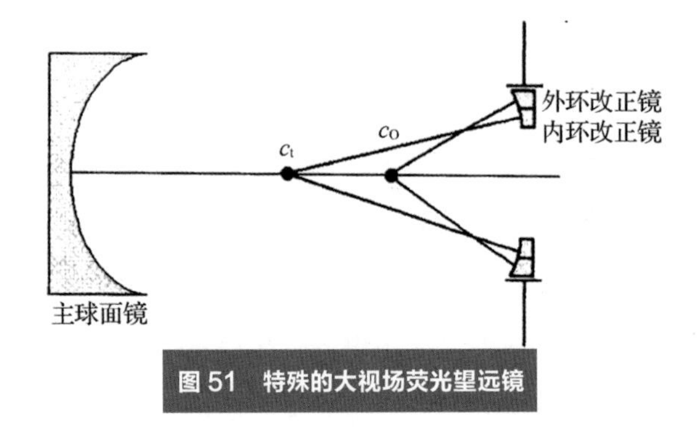

图 51　特殊的大视场荧光望远镜

1967 年，康奈尔大学的一个小组开始了对宇宙线的切伦科夫荧光的观测，他们的活动成为《天空和望远镜》的封面故事（图 52）。小组建成了一种由菲涅尔透镜构成的大视场光学望远镜，在望远镜的焦点上使用光电倍增管来获得信号，每个光电倍增管覆盖大约 36 平方度的空间。工程总共使用了 500 个光电倍增管，一共形成十组荧光望远镜，每一组望远镜包括一个 0.1 平方米的菲涅尔透镜。这种望远镜的前端使用了滤光片来减少夜晚杂光和白炽灯杂光的影响。不过由于透镜尺寸小，加上纽约州的光污染以及消光湿气的影响，望远镜工程灵敏度低，以致不能捕获超高能量的宇宙线。

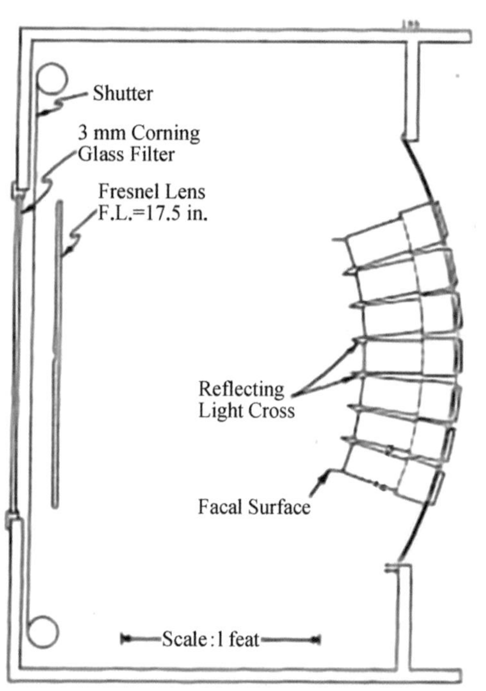

图 52 《天空和望远镜》的封面和利用菲涅尔透镜成像的荧光望远镜

犹他州大学是最早开始进行宇宙线荧光观测的研究单位。在九年之后的 1976 年，犹他州大学在新墨西哥州建成了 3 个荧光反射望远镜单元（图 53）。每一个望远镜单元的口径是 1.8 米，反射镜是一个球面，在每个球面的焦点上安装有 14 个光电倍增管。由于反射镜口径大，它的通光面积是康奈尔大学所建望远镜的 20 倍。

图 53 犹他州大学早期在新墨西哥州的荧光望远镜阵

同时，在新墨西哥州沙漠的能见度很高。选择在新墨西哥州进行宇宙线的观测，主要是因为在那里原有一个在 1958 年麻省理工学院建造的宇宙线的地面观测阵。这个地面观测阵设施早在 1961 年就探测到

了能量达到 10^{20} 电子伏特的高能量宇宙线粒子，有了这个观测阵，新的望远镜观测结果可以与原有望远镜的结果进行相互印证。

经过在新墨西哥州进行的荧光观测试验，到 20 世纪 80 年代，犹他州大学将观测宇宙线的荧光望远镜转移到犹他州本土继续试验。犹他州的观测条件也非常好，同样的沙漠环境提供了很好的大气能见度。犹他州大学将荧光反射望远镜的数量增加到 67 台，依然使用 1.5 米和 1.6 米的球面反射镜作为望远镜的成像镜面，在每一台望远镜的焦点上共安装有 12 到 14 个光电倍增管。由于光电管的排列覆盖了整个天空，所以该设施被称为蝇眼望远镜。蝇眼（Fly's Eye）是苍蝇复眼的意思，表示在每一组大的望远镜阵内包含有很多个小的、独立的荧光望远镜，共同形成一个视场非常广阔的大气簇射荧光望远镜阵（图 54）。

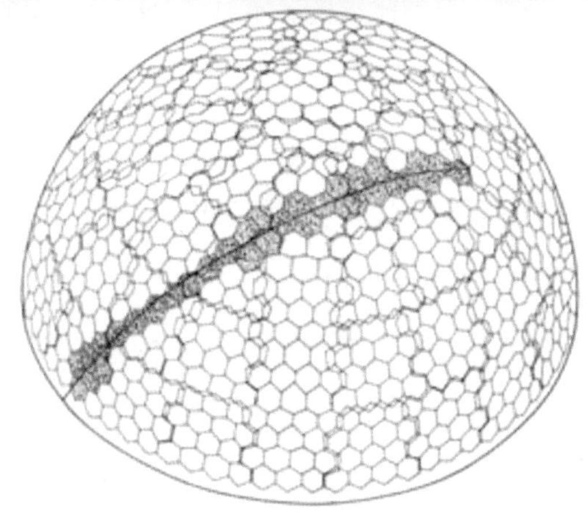

图 54　20 世纪 80 年代的蝇眼望远镜中的一组荧光反射望远镜以及在接收器上所形成的大气簇射的轨迹

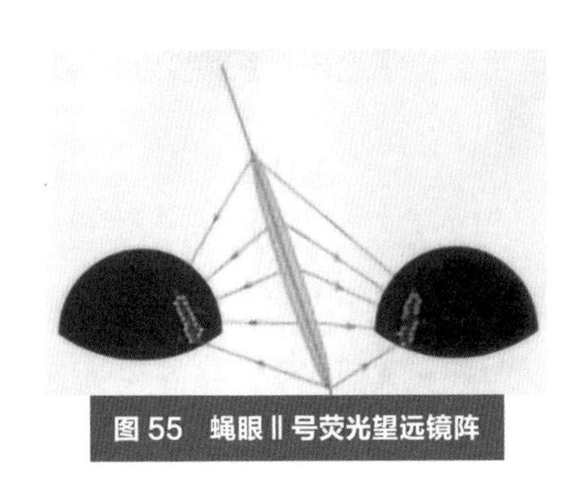

图 55 蝇眼 Ⅱ 号荧光望远镜阵

1986 年，犹他州大学新建成了包括两组 36 个子望远镜的蝇眼 Ⅱ 号荧光望远镜阵，蝇眼望远镜阵之间的距离 3.4 千米，如此通过对光源平面的交会就可以更好地确定宇宙线所来自的方向了（图 55）。这两组荧光望远镜阵一直工作到 1993 年。在 1991 年，蝇眼望远镜阵记录了一次能量为 3.2×10^{20} 电子伏特的高能量宇宙线事件。

1997 年，蝇眼宇宙线望远镜工程又经过一次新的升级改造，更名为高分辨率蝇眼宇宙线探测器（HiRes）。高分辨率蝇眼宇宙线探测器依然包括两组望远镜群，不过它们之间的距离增加到 12.6 千米。高分辨率蝇眼宇宙线探测器中的第一组荧光望远镜阵有整整一圈共 22 台光学荧光望远镜，覆盖了 360 度地平角、从 3 度到 17 度高度角上的全部天区；而第二组荧光望远镜阵则包括两圈光学荧光望远镜，覆盖 360 度地平角、从 3 度到 31 度高度角的全部天区。这个工程的主要任务是在宇宙线和微波背景辐射相互作用的关键频段——GZK 截止频谱区域进行对特高能量宇宙线的观测。现在的关键问题是这种观测的统计样本非常匮乏，同时观测的能量分辨率仍然比较低。不过这个截止频率的区域并不是绝对的，比如在距离地球一亿光年的天区仍然可能会产生这种高能量的宇宙线粒子，这种粒子在进入大气层之前，将不会失去很多能量。到现在为止，天文学家仍然无法理解在宇宙中产生这种极高能量宇宙线粒子的物理机制。

在 HiRes 项目中，一共有两个荧光望远镜阵。使用一个望远镜阵，能够确定荧光所在的平面，而不能确定荧光的方向。当使用两个望远镜阵时，荧光的方向就可以完全确定下来。这种技术被称为立体定位技术 (Stereo Reconstruction Technique)。HiRes 的下一步工程就是大望远镜阵计划。

在高分辨率蝇眼宇宙线探测器的基础上，来自日本、韩国、俄罗斯和比利时等国家的科学家进行合作，又进一步提出了一个新的大望远镜阵 (Telescope Array) 计划。这个计划将包含 10 组荧光望远镜阵，每一个阵包括 12 至 14 个光学望远镜，望远镜分别分布在上下两层的圆环之中，它们覆盖从 3 到 34 度高度角的所有天区，同时在地面上增加了 507 个荧光探测器所组成的阵列。这个计划的天区覆盖面积是日本明野巨型空气簇阵（AGASA）项目的 30 倍以上。

这种宇宙线望远镜同样可以用于对中微子的探测。在探测中微子的时候，荧光锥体来自的方向应该从地底向上，这样就可以去除从大气层进入的宇宙线或伽马射线的影响。

在射电频段，高速粒子还会产生一种阿斯卡莱恩效应。阿斯卡莱恩效应和切伦科夫效应十分类似，当粒子在射电透明的介质，如盐类、冰或者月壤内，以超过光在该介质中的速度前进时，也会产生光雨和次级粒子。这些次级粒子的电荷不具有各向同性的特点，所以就会在射电和微波波段产生锥形的相干辐射。

目前，已经在用硅石、岩盐和冰等大块材料来观测超高能量（拍电子伏特或者泽电子伏特）宇宙线粒子（包括中微子）的过程中发现了这种现象。在冰中，阿斯卡莱恩效应的锥顶角为 53 度，在岩盐中是 66 度。这种效应所产生的电磁波可以从固体折射到空气之中。射电辐射的极化和切伦科夫效应的情况是完全相同的，所以完全可以以此来发现这种效应的来源。这些射电辐射可以用空间、地面或地下天线来测量。这些专用天线也被称为射电荧光天线。

如果要获得更大的天区覆盖面积，可以将宇宙线望远镜放置在轨道上。由欧洲南方天文台提出、由日本航天局参与的日本实验舱载极端宇宙空间天文台 (JEM-EUSO)（图 56） 就是一台这样的宇宙线天文望远镜。它位于 380 千米高度的轨道上，具有 60 度视场。望远镜实际上是一面 3.5 到 4 米口径的双面菲涅尔透镜，它的像元大小相当于地面上 1 千米长度。这样的望远镜有可能捕获到罕见的极端能量宇宙线粒子。望远镜的总造价为 440 万美元。另一个非常相似的计划是俄罗斯 10 米口径拼合菲涅尔空间望远镜，它的视场为 15 度，名字为 KLYPVE-EUSO。这两台望远镜都属于极端宇宙空间天文台（EUSO）计划的一部分。

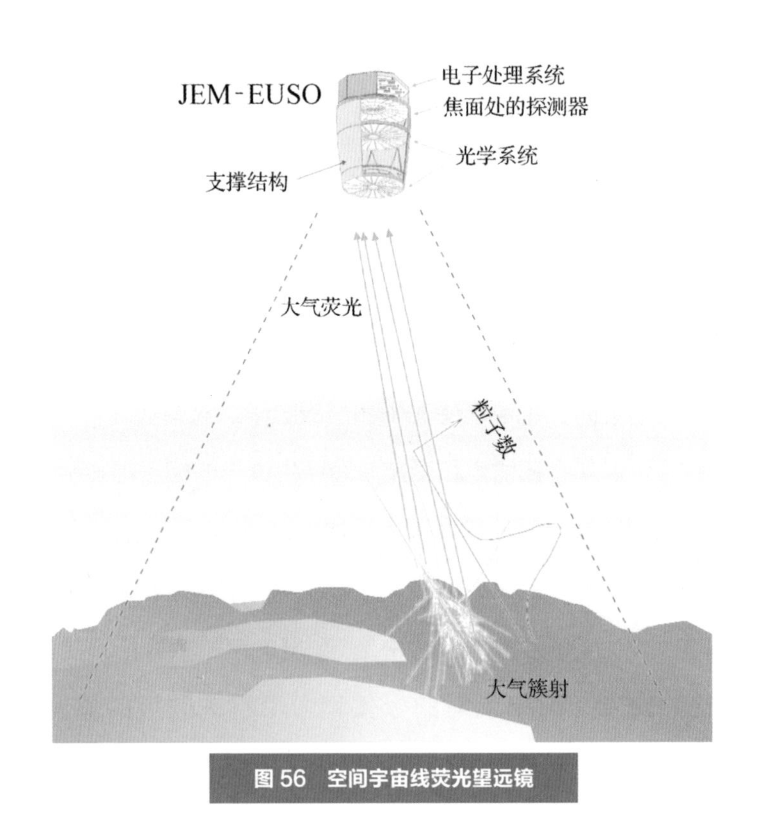

图 56　空间宇宙线荧光望远镜

23 羊八井和明野大气簇射望远镜阵

宇宙线和伽马射线的探测方法几乎完全相同，它可以通过宇宙线或者伽马射线和物质之间的直接作用来观测，也可以通过它们所产生的次级粒子间接地观测。宇宙线或者伽马射线和大气分子作用后会产生次级粒子并形成大气簇射，从而覆盖地面上一个很大的面积。它们的大气簇射在地面的覆盖范围与它们所带有能量的多少有关，能量越大，在地面上覆盖范围就越大（图 57）。这时单个的望远镜就不能实现对它们能量的观测，从而有必要在地面的很大范围内布置很多不同特点的次级粒子探测器，这种探测设备被称为广延大气簇射阵。这种望远镜阵常常包括安装在地面的或者深埋在地下的次级粒子探测器，具有很大的望远镜分布面积，可以获得宇宙线

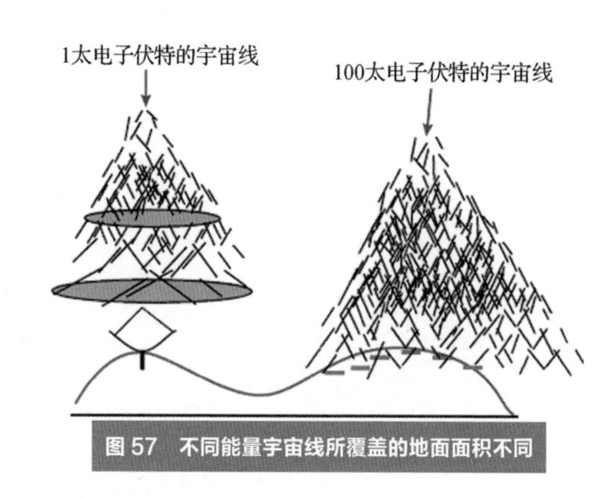

图 57　不同能量宇宙线所覆盖的地面面积不同

或者伽马射线的能量的精确测量结果。和切伦科夫望远镜阵或者荧光望远镜阵只能在晚上对低能量粒子进行观测不同，广延大气簇射阵可以白天、黑夜全天候地进行观测，它的视场非常广阔，可以探测到很高能量的宇宙线粒子。

这种类型中比较著名的望远镜阵包括有中国西藏羊八井宇宙线观测站、日本明野巨型空气簇射阵、秘鲁印卡高山望远镜阵和阿根廷俄歇望远镜阵。

中国对宇宙线的探测研究开始于 1951 年，作为建国初期最早建立起来的物理学研究课题之一，至今已有 70 多年的历史。1954 年，在海拔 3200 米的云南雪山上建成了中国最早的宇宙线实验室。那时进行宇宙线的观测所使用的是赵忠尧和王淦昌先生从美国带回来的云室。1986 年，高能物理所正式提出“西藏计划”，计划在海拔 4300 米的羊八井建立宇宙线观测站。1988 年开始了中日合作，1990 年世界上面积最大的高山宇宙线观测站——羊八井宇宙线观测站顺利建成，中日合作羊八井一期阵列投入使用（图 58）。2000 年，中方和意大利又联合建立了大面积的电阻板宇宙线探测器，它们的加入使羊八井国际宇宙线观测站成为了世界上最大的高山室内探测设施。实验室大厅面积达 1 万平方米，由轻钢结构和高保温的聚

图 58　中日合作羊八井宇宙线观测阵列

图 59　日本明野宇宙线望远镜

图 60　明野水切伦科夫探测器

图 61　明野荧光望远镜

图 62　明野介子探测器的内、外景

氨酯彩钢夹芯板建成，里面铺设了 5000 平方米的地毯式宇宙射线探测器。2001 年，中方开始独立设计和建造 900 平方米的地下介子探测器。与此同时，日方建造了四个 900 平方米的探测器。大规模的设备安装即将开始。羊八井的规模十分壮观，有着非常重要的科学前景。

日本对宇宙线的观测起步也比较晚。1953 年，东京大学建立了宇宙线天文台。1954 年，天文学家开始使用乳化室来观测宇宙线。1976 年，东京大学正式建立了宇宙线研究所，现在这个研究所全面负责日本的宇宙线、暗物质和引力波的综合研究工作，同时进行着多个大型的天文工程，如明野宇宙线望远镜、超级神冈中微子探测器以及正在运行的神冈引力波探测器。与宇宙线研究所开展国际合作的国家有玻利维亚、中国和澳大利亚。1987 年，该研究所第一次观测到了来自超新星的中微子。1994 年，日本明野巨型空气簇射阵（AGASA）观测到了能量为 2×10^{20} 电子伏特的宇宙线粒子。

明野宇宙线天文台成立于 1977 年。1988 年，1 平方千米大气簇射阵竣工，工程占地 100 平方千米（图 59）。它包括一系列水箱探测器（图 60）、宇宙线荧光望远镜（图 61）和 27 个介子接收器（图 62）。

1981 年，中日合作研究乳化室，日本开始了神冈中微子探测器工程，该探测器于 1987 年捕获了来自超新星的中微子。1991 年，日本建设超级神冈中微子探测器，同时开始日澳合作伽马射线望远镜项目 CANGAROO。2001 年，超级神冈探测器发生了一次事故，该事故导致超级神冈中微子望远镜损毁了几乎一半的光电倍增管，整个望远镜被迫停止工作。因为超级神冈探测器对超新星中微子的观测，小柴昌俊获得了诺贝尔奖。

2010 年，日本开始建设大型低温引力波天文台，神冈引力波探测器。2011 年，开始进行长基线中微子振荡实验。经过调整和试运行，该探测器从 2020 年开始工作。

在天空中，宇宙线的流量远远大于伽马射线的流量，同能量的宇宙线粒子的数目一般是伽马光子数目的 1000 倍以上。已经测量过的宇宙线的能量分布在从 10^6 到 10^{21} 电子伏特之间。具有非常高能量宇宙线粒子的能量和一个运动速度为每小时 160 千米的网球的能量几乎相等，但是所有这些能量被压缩在一个小小的原子核体积范围之内。

在大气层以上所记录的宇宙线能谱覆盖近十几个数量级，从 10 兆电子伏特向上，宇宙线能量越大，它的流量就越小。在 10^{18} 电子伏特时，宇宙线流量只有约每平方千米每年 1 个粒子。为了捕捉能量非常高的宇宙线，就必须修建占地面积非常大的宇宙线望远镜。目前占地面积最大的宇宙线望远镜是位于阿根廷的皮埃尔·俄歇天文台。

24

皮埃尔·俄歇天文台

在超高能（UHE）和极高能（EHE）宇宙线区域，宇宙线本身的流量变得非常非常小，从而需要具有非常大的接收面积的望远镜来专门收集宇宙射线大气簇射所产生的次级粒子。这些次级粒子分散在非常广的区域内，因此天文学家需要建设接收面积非常大的广延大气簇射宇宙线望远镜阵（EAS）来对其进行观测。目前世界上占地面积最大的宇宙线望远镜就是位于阿根廷西部的皮埃尔·俄歇天文台。

皮埃尔·俄歇（1899–1993）是法国的天体物理学家，他对宇宙线，特别是大气簇射方面的早期研究作出了重要贡献，是宇宙线形成大气簇射理论的奠基人。1938 年，俄歇带领科研人员在海拔 1100 米的阿尔卑斯山顶对宇宙线进行了观测。1939 年，他通过在山顶对大气簇射的实际观测，准确地计算出那次大气簇射的总能量至少在 10^{15} 电子伏特以上。俄歇曾经是欧洲核子研究中心的发起者，也是联合国教科文组织数学和自然科学部的主任。

皮埃尔·俄歇天文台是世界上规模最大的宇宙线天文台，它位于阿根廷西部的安第斯山脉的脚下，占地共 3000 平方千米，专门用来探测能量高于 10^{18} 电子伏

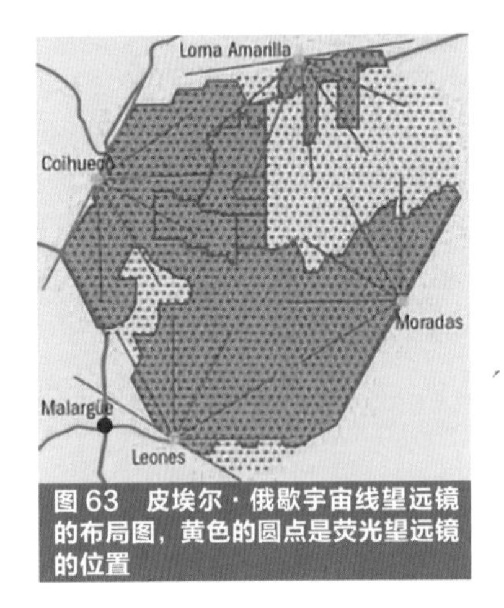

图 63 皮埃尔·俄歇宇宙线望远镜的布局图，黄色的圆点是荧光望远镜的位置

特的高能粒子（图 63）。皮埃尔·俄歇天文台一共有四组共 30 台荧光反射望远镜，每一个荧光反射望远镜单元覆盖高度角从 1.7 度至 30.3 度以及地平角 30 度的天区。荧光望远镜一个紧靠着另一个，形成一个半圆形的全天区覆盖阵列，对望远镜所占有的天区进行全方位的观测。在它的焦点上有 440 个 40 毫米大小的光电倍增管。另外在地面上，总共有 1600 个水箱切伦科夫探测器构成了一个大气簇射阵列，每一个水探测器存有 1.2 万升的水。通过几组荧光反射望远镜的记录，可以将宇宙线粒子的方向完全确定下来（图 64）。加上水探测器的记录，可以确定高能宇宙线的总能量。

除了这些基本设施以外，望远镜区间还有中心激光站、声呐发生器、气象站、气球发放站等。中心激光站的作用是发射紫外激光供荧光望远镜进行方位和强度的

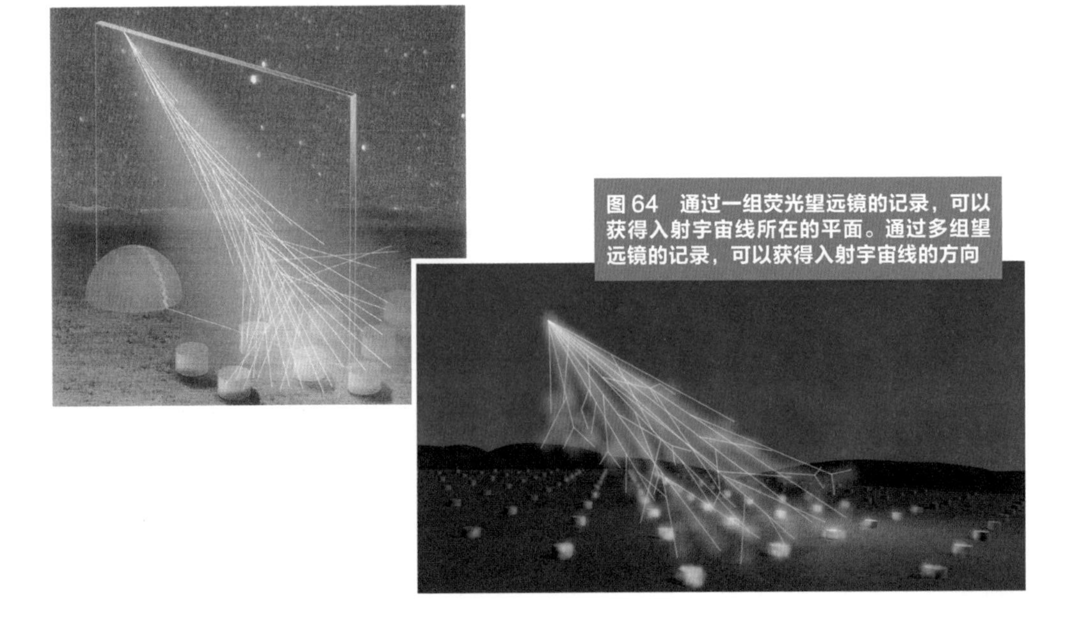
图 64 通过一组荧光望远镜的记录，可以获得入射宇宙线所在的平面。通过多组望远镜的记录，可以获得入射宇宙线的方向

标定。现在皮埃尔·俄歇天文台的方位探测精度已经达到 1 度。图 65 是荧光望远镜的外景和内部结构，图 66 是水探测器的外部形状。当发生宇宙线粒子事件时，在一小时的时间内，气球发放站将发出气球来测量高度 23 千米内的有关数据。荧光反射望远镜的光阑尺寸为2.2米，它的像斑尺寸是 1.5 度。在天文台的长期规划中，俄歇台将增加地下的缪子探测器、射电探测器等新的设施。这台宇宙线望远镜也可以用于对高能中微子的地面穿透现象进行探测。

图 65　荧光望远镜的外景和它们的内部结构

图 66　地面水探测器的外形

皮埃尔·俄歇天文台是占地面积最大的国际天文台，它在阿根廷具有很大的影响，为此阿根廷邮政局曾专门发行皮埃尔·俄歇天文台的纪念邮票（图 67）。

图 67　皮埃尔·俄歇天文台纪念邮票

DARK

MATTER

TELESCOPE

暗物质

望远镜

25 暗物质的早期历史

在宇宙中最神秘的东西是什么？对这个问题，不同的人可能有不同的答案。但是对于现代天文学家来说，暗物质和暗能量便是他们的答案。天文学中比较成熟的标准模型和一系列观测事实均符合大爆炸宇宙学的模型。根据这个模型，我们宇宙的年龄大约为 138 亿年。在最早期的短短一秒钟的时间内，宇宙迅速地急剧膨胀，将宇宙的量子波动拉伸到经典理论的尺度，宇宙中出现了物质的不均匀分布，进而一步步演化为我们今天的宇宙结构形式。在这个宇宙中有 68% 是暗能量，27% 是暗物质，仅有 5% 是普通物质和一些辐射及粒子。顾名思义，暗物质和暗能量是看不见的物质和能量，所以在宇宙中 95% 的部分是我们仍然不太了解的物质和能量。

在宇宙中，我们看得见的天体确实遮挡了一些特殊物质。那些看不见、摸不着的物质被天文学家称为暗物质。天文学家对这些物质知之甚少，所以它们十分神秘。这些暗物质是由什么组成的？它们又有些什么样特性？这仍然是天文学家特别关注的课题。即使在今天，我们仍然不知道我们最终能不能破解这些难题。

天上有恒星，有星系，有各种各样不同的天体，所有这些已知的天体已经不再那么神秘了。很早以前，古代的哲人和学者就曾经猜测天空中既然存在我们看得见的世界，是不是仍然有一种我们看不到的宇宙。这些看不见的部分可能是距离我们太远，可能是它们本身太暗，或者它们本身就是观察不到的。后来人们也猜测除了现在存在的世界外，是不是还存在一个完全不同的世界，甚至是一个相反的世界。

亚里士多德的天文学说认为地球是世界的中心，宇宙是一层一层的，永远不会改变。对于彗星，他认为这是在大气中发生的地球附近的现象。1577 年，第谷测量了彗星的自行，认为彗星位于地球大气层以外，才开始动摇了地心说的基础。伽利略利用天文望远镜看到了木星的卫星，还看到了银河中的星云是由很多恒星组成的等等，这些观测结果则决定了地心说的消亡。这个事实说明宇宙中有很多物质，使用一般手段是不能看到的，而当新的技术出现后，这些看不见的物质就有可能会变成看得见的物质。

1687 年，牛顿发表了万有引力定律，奠定了经典物理学的基础。1783 年，米歇尔认为宇宙中可能存在一些非常重的物体，如果它的质量是 135 个太阳的质量，那么它所产生的引力如此之大，以至于光线也不能逃离物体的周围。这个想法和十年以后拉普拉斯提出的想法完全相同，被认为是黑洞最早的理论设想。

1844 年，数学家贝塞尔在解释天狼星和南河三的恒星自行时，首次认为它们一定都是双星，而它们的伴星是一颗当时看不到的星，即暗恒星。他还认为一定会存在数不清的看不见的暗星。

1846 年，勒威耶和亚当斯通过计算，预测了海王星的存在。他们的计算十分精确，误差只有 1 度。对于水星近日点的进动，勒威耶认为在水星附近，同样存在一颗看不见的暗行星。不过这颗暗行星的存在从来没有得到确认，直到爱因斯坦相对论的出现才解开了这个水星近日点进动的谜团。

1877 年，罗马学院天文台台长塞基提出了在宇宙中存在暗星云的想法，这些星云遮挡着背后的恒星而显示为黑色的孔洞。后来摄影技术应用于天文学，人们发现恒星在天空中的分布十分不均匀，在稠密的星空中有一块块的空白区域，这些区域或者没有恒星，或者存在一些具有消光特点的物质而遮挡了天空中的恒星。1894 年，一些天文学家认为空间中一些黑色的区域具有一定的结构，这些结构挡住了背后的恒星或者星云。

第一个利用动力学理论来说明存在暗物质的科学家是开尔文。1904 年，开尔文发表论文认为如果将银河系中的恒星看作是气体中的受到重力影响的一些粒子，那么这个系统的大小和星球的速度分布之间存在一定的关系。根据他的模型，在一定大小的空间中会存在很多的星，他认为其中可能有很多是看不到的、已经死亡的暗星。庞加莱对开尔文的理论十分欣赏。1906 年，庞加莱首先使用暗物质这个词汇，他认为开尔文对天体速度的估计和测量结果基本符合，宇宙中暗物质的量应该和看得见的物质量相似。1915 年，天文学家奥匹克利用已观测到的银河系的运动情况建立了一个模型，他同样认为在宇宙中存在着大量的暗物质。

1922 年，荷兰天文学家卡普坦在死前发表了他的银河系中质量、速度和力的分布理论。他是第一个定量地对这个扁平的、围绕着通过银极的轴线旋转的巨大星系进行分析的人。卡普坦认为太阳十分接近银河系的中心，整个银河系就像一团气体在静止的大气中运动。他使用当地密度来表示恒星的质量。通过这个分析，卡普坦估计出了维持这一系统稳定所需要的暗物质的总质量。1932 年，他的学生奥特以及其他学者继续进行这一分析工作，从而更精确预计了暗物质的质量，他们所采用的方法，至今仍然有着广泛的应用。

26

暗物质发展历史

在探寻暗物质的道路上，最具有影响力的天文学家叫兹威基（图 68）。1933 年，兹威基在研究 1931 年哈勃测量出的一系列星系团的红移数值时，发现在后发座星系团中各个星系的运动速度和其他星系团的情况不同，它们的速度存在很大的偏移。这一点哈勃已经发现了，但是兹威基又向前走了一步，他将热动力系统中的位力定理直接应用于星系这种自引力系统之中，并从中推导出系统的有效质量。在位力定理中，系统的平均活力等于位力，其中位力是合力和矢径的标量积平均值的一半，而平均活力是系统的总动能。

图 68　兹威基

兹威基认为在后发座星系团中一共存在 800 个星系，大多是质量大约在 10^7 到 10^9 个太阳质量范围内的矮星系。但是后发座星系团的空间尺度大约为 10^6 光年，通过计算，这样的一个系统的运动速度应该为每秒 80 千米，可是天文观测所获得的速度分布在视线方向上却是每秒 1000 千米。因此，兹威基断定星系中的暗物质要远远多于可以看到的物质的总量。1937 年，他又一次发表了类似的研究结果。

兹威基的结论是基于哈勃的观测成果，如果使用现在公认的哈勃常数，会发现兹威基获得的估计值是准确值的 8.3 倍。1936 年，另一位叫史密斯的天文学家利用类似的方法求出了室女座星系团中的暗物质比例，这个比例同样偏大了一些。

在星系团中，至少有近 10 倍的质量是我们所观测不到的，很多天文学家认为这些看不到的物质就是在星际之间的温度较低的气体。这种气体确实在星际之间存在着，但是它们的质量远远不可能有那么大。兹威基的观点在当时的天文学界并没有引起很大的重视，这种出人意料的冷落也可能和他的脾气有关。兹威基脾气非常古怪，常常把不同意他观点的人比成顽固不化的老家伙，以至于哈勃在他的专著《星云世界》中仅仅引用了史密斯在暗物质方面的工作，却完全不提兹威基在这方面所做出的贡献。

20 世纪 50 年代，天文学家对暗物质的存在以及暗物质的比例有多种不同的见解，人们既没有承认暗物质这个假说，也没有否认暗物质的存在，大家正处于一个等待的阶段，希望有新的证据来证实关于暗物质的假说。

直到 20 世纪 70 年代，天文学家才重新提起暗物质这个话题。一位叫鲁宾的天文学家通过氢原子一条谱线的红移量精确测量了河外星系沿着它们的半径方向上的旋转速度曲线，他测量到的旋转速度曲线看起来基本都十分平坦（图 69）。假如星系中质量的分布情况就像我们在可见光中所看到的一样，大部分集中在星系中心，那么它们在半径方向上的旋转速度曲线就应该和它们旋转半径的平方根成反比。这种十分平坦的旋转速度曲线正好表明：在星系中确实存在着我们所看不见的暗物质。

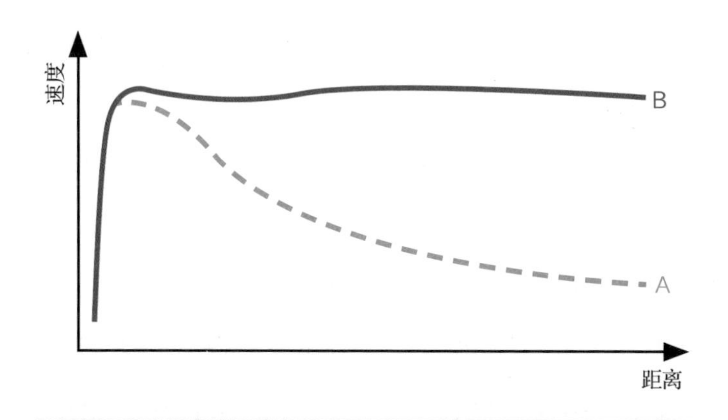

图69　曲线A是根据可以观测到的质量推导出的星系旋转速度曲线，曲线B是实际观测到的星系旋转速度曲线

很快，射电天文学家也发表了在射电频段测量的十分平坦的星系旋转速度曲线，有一些星系的平坦曲线远远大于光学测量的距离，证实了暗物质不但存在，而且星系的范围也远远大于光学观测的结果。到 1974 年，一部分天文学家已经认为，暗物质的质量被低估了，实际的质量可能是估计值的十倍，有些质量甚至应该位于星系的边缘。经过一段时间的讨论和研究，暗物质这个词汇的意义也发生了显著的变化。原来意义上的暗物质是指那些太暗淡而无法被看到的物质，比如白矮星、中子星和一些暗星云，而到这个时候，这个词汇的意义已经完全不同了。

通过天文和粒子物理上的新发现，现代意义上的所谓暗物质是指具有以下性质的物质：它们不能发射、反射或散射电磁波，所以它们几乎和普通物质不发生作用。这些物质是由一些特殊的粒子构成的，因此我们很难对它们进行直接观测，不过它们的存在可以利用它们对普通物质的引力效应来确定。基于这个原因，在天体物理这个学科中，很快就产生了一门名为天体粒子物理的新学科。

现在的天文学家，特别是宇宙学家已经通过间接天文观测，比如说宇宙常数的测量、大爆炸理论和广义相对论的推断等等，证实了在我们宇宙中可以探测到的普通物质仅仅占全部物质的 4 %左右，而另外的 23%则属于暗物质的范围，其余的部分是暗能量。暗能量是宇宙中更为特别的一部分，由于它们的存在，我们的宇宙才能够保持向外膨胀的状态。

2001 年，美国航天局发射了威尔金森微波各向异性探测器（WMAP），经过数年的观测和分析，于 2003 年发布了宇宙早期（137 亿年以前）所形成的在 40 万年以前固定下来的温度分布。这种温度分布的图形是由宇宙早期膨胀时的量子涨落引起的，因此也就是质量分布的详细图像。为了更好地理解宇宙从早期的到现在的物质分布状态，宇宙温度变化的能量谱可以用一个包含 6 个参数的函数来描述，其中三个参数分别是重子物质的比例、暗物质的比例和暗能量的比例。宇宙的膨胀和宇宙常数密切相关，而宇宙常数则某种程度上取决于冷的暗物质的比例以及分布。现在的估计认为，在一个平直的宇宙标准模型中，暗物质的比例是 0.265，这些暗物质具有引力但是不发出任何形式的电磁波；可以通过电磁波认识的普通物质的比例是 0.049；而抵抗引力、使宇宙不断膨胀的暗能量的比例是 0.686。这些数字的获得是现代宇宙学的一个重要的里程碑。

27

暗物质究竟是什么？

暗物质与我们所熟悉的物质拥有完全不同的形态。在粒子理论的标准模型中，基本粒子包括两个大的家族：轻子和强子。所谓的轻子就是仅仅会产生弱相互作用的粒子，而强子则又分为介子和重子两类，只有重子能够成为构成物质的单元，即电子、中子和质子。

暗物质中的第一部分是我们不能够探测到的由重子所形成的物质。非重子类的暗物质粒子又可以进一步分为相对论的和非相对论的粒子。如果粒子的速度十分接近光速，则被称为相对论的或者热的粒子，而那些速度很低的则被称为非相对论的或者冷的粒子。在一些文献中，暖性用来指速度介于热和冷的粒子之间的状态。实际上，暖暗物质就是冷暗物质的一部分。

对暗物质的探索应该包括对难以发现的重子形成的普通物质、热暗物质和冷暗物质这几个部分的探索。遗憾的是直至今天，我们仅仅知道中微子是一种热暗物质，而所有其他可能存在的暗物质粒子则全部是通过理论模型推导出来的，它们的存在对于天文学家来说仍然是一个谜。

重子类的暗物质包括仍然没有被观测到的星际气团、在恒星周围行星中的物质、死亡以后的恒星、褐矮星、红矮星、白矮星、中子星和一些原始黑洞。这些隐藏的重子类物质大部分存在于星系的晕之中，所以被称为晕族大质量致密天体（Massive Compact Halo Objects，MACHO）。利用引力波望远镜以及微引力透镜效应有可能探测到这些难以探测的重子类暗物质。引力波望远镜可以发现大质量的双星系统中黑洞并合时的引力波踪迹，而微引力透镜可以使更加遥远的恒星形成多个像点，甚至成一个圆环图像。

其余的暗物质属于非重子类暗物质。从基本粒子的标准模型看，中微子共有三种，它们是最符合暗物质条件的粒子。中微子稳定存在，不产生电磁效应，也不会产生强相互作用，它们是质量小的热暗物质。尽管中微子不可能成为大体积的暗物质，但是它们可以成为一些假想暗物质的模板。对中微子的探测将在后面的章节中介绍。

其他理论推测的冷暗物质包括轴子和极轻超对称粒子、超中性子、引力微子及惰性中微子，也可能包括很多其他的粒子，它们被总称为弱相互作用大质量粒子（Weakly Interacting Massive Particles，WIMP）。所有这些粒子都不在粒子物理标准模型中，但却可以通过对标准模型的延伸来获得。许多超对称模型，例如最小超对称模型 (Minimum Supersymmetric Standard Model，MMSM) 假定会产生稳定的超中性子。

在推测宇宙中暗物质分布的过程中，计算机的模拟也发挥了十分重要的作用。早期的计算机能力有限，不能进行精确的模拟工作，但随着计算机技术的发展，模拟获得的结果越来越有说服力。现在的理论表明，在星系的外围，暗物质占据的空间是可以看到的空间尺寸的十倍以上，形成了一个巨大的星系晕，这些星系晕的主要成分应该是非相对论的粒子或者它们的组合结构。

在对暗物质的探索过程中，中微子望远镜是一种重要的观测设备。在对冷暗物质的探测上，也已经有了一系列工作在低温下、灵敏度非常高的探测仪器。

28

中微子和诺贝尔奖

根据现有的理论，中微子不带电荷，它们出现在宇宙诞生以后不久。那是 150 亿年以前的事情，在那以后，宇宙经过不断膨胀，温度逐渐降低，成为今天宇宙的样子。从理论上讲，现有中微子数量应该很多很多，它们组成了温度 1.9 开尔文的宇宙背景辐射。同时在其他地方，比如在恒星生命演化的过程中或者超新星爆发中也不断有中微子产生。在宇宙中，中微子无所不在，不过对于人类来说，出现中微子的概念还是最近 100 多年的事情。由于中微子不带电荷，只参与弱相互作用，所以它有很强的穿透力。它穿透地球这样厚的物质时，只有一百亿分之一的机会和地球物质发生作用，是真正的宇宙间的隐身人，所以人类对它的了解很晚，也很少。

中微子的发现和贝塔射线有关，1899 年卢瑟福发现了贝塔辐射。1902 年，居里夫妇证实了贝塔射线就是电子。要说中微子，就不得不提它的“老大哥”——原子的基本组成之一——中子。中子在贝塔衰变时转变成质子和电子，能量会出现亏损，物理学哥本哈根学派的鼻祖尼尔斯 · 玻尔据此认为，贝塔衰变过程中能量守恒定律失效。

1931 年春，国际核物理会议在罗马召开，当时世界最顶尖的核物理学家汇聚一堂，其中有海森堡、泡利、居里夫人等。泡利在会上提出，贝塔衰变过程中能量守恒定律仍然是正确的，能量亏损的原因是中子作为一种大质量中性粒子在衰变过程中变成了质子、电子和一种质量更小的中性粒子，正是这个小质量粒子将一些能量带走了。

泡利预言的这个窃走能量的“小偷”就是中微子，但是他对探测这种粒子不抱任何希望。1932 年中微子被发现，为了区别于中子，所以起名为中微子。1933 年，泡利推导出这个微小粒子的质量，和中子的质量相差非常大，甚至比电子的质量还要小。佩林证实了这个结论。当时测量出的质子质量是 1.6727×10^{-27} 千克，中子的质量比质子的略微重一些，是 1.6749×10^{-27} 千克，电子的质量是质子的 1/1836，为 9.1×10^{-31} 千克，而中微子的质量仅仅是 10^{-33} 克。

1933 年底费米利用中微子的概念，发展了弱相互作用的贝塔粒子衰变理论，建立了现在所公认的中子在衰变成质子时同时释放出一个电子和中微子的理论模型。1933 年是基本粒子领域硕果累累的一年。这一年安德森发现了正电子，这是人类发现的第一种反物质。这个事件证实了德雷克的理论，同时也印证了泡利和费米关于中微子的设想。这年年底，居里发现了贝塔正电子辐射，在辐射中放出的不是电子，而是它的反物质。这些反物质也是宇宙中可能存在的一类暗物质。泡利因为这个发现获得了 1945 年的诺贝尔奖，费米也在 1938 年获得了诺贝尔奖。

1934 年，贝萨计算了中微子和物质作用时的截面面积，这个截面面积非常小，是电子作用面积的数十亿分之一。因此中微子可以穿过地球而不会改变它的运动参数。

不过要探测这种作用面积非常非常小的中性粒子并不容易。想要探测成功，需要两个条件：第一是存在体积很大、灵敏度很高、质量很重的探测材料；第二是要有非常强的、非常集中的中微子源。

1907 年，著名物理学家王淦昌（图 70）出生在江苏常熟，早年就读于上海浦东中学，1928 年进入清华大学，1929 年从清华物理系毕业，同年留校任教。1930 年他发表了关于大学校区氡气研究的论文。当年秋天，23 岁的王淦昌赴德国留学，在柏林大学威廉皇帝化学研究所从师于迈特纳。迈特纳是位杰出的犹太裔物理学家，她和哈恩最早开始测定贝塔射线的能谱。就在这一年，王淦昌第一个提出了利用云室来确定当时未知的用阿尔法粒子轰击铍产生的新粒子的性质。这是一篇分量很重的物理学论文，它的发表为解决这一世界难题指明了方向。1931 年，英国人查德威克利用这个方法，发现了原子核中中子的存在。查德威克 1935 年获得了诺贝尔奖。

图 70　年轻的王淦昌

十分遗憾，由于某种歧视或疏忽，王淦昌没有获得奖励。如果我们考察一下诺贝尔物理学奖从 1901 到 1948 年的获奖名单，除了 1930 年有一个印度人拉曼获奖以外，根本没有其他非欧美人获奖，而印度当时是大英帝国的属国。1948 年以后获奖名单中才增加了日本人，苏联人则是在 1958 年发射了人造卫星以后才开始进入获奖名单的，再后来获奖名单上还增加了华人。真正的中国人获奖是从 2016 年屠呦呦开始，屠呦呦获得了中国的第一块诺贝尔奖牌，不过不是物理学奖，是生理学或医学奖。

1932 年 1 月，王淦昌在德国《物理学期刊》第 74 卷上再次发表题为《关于 RaE 连续 β 射线谱的上限》的论文，在这篇文章中，王淦昌准确地得出贝塔射线的上限，支持了中微子存在的假说。

1934 年王淦昌回国，先后在山东大学和浙江大学任教。1937 年 9 月到 1940 年 2 月，王淦昌与浙大师生一起走建德、过吉安、赴宜山、抵遵义。在常年奔波、薪资微薄、缺少资料又没有同行讨论的艰苦条件下，他依然坚持科学研究，发现可以用K 电子，即原子核中的内层电子的俘获方法来探测中微子的存在。1941 年，王淦昌写成论文《关于探测中微子的一个建议》，论文发表于 1942 年美国《物理学评论》杂志上。王淦昌建议用和贝塔粒子衰变相反的效应来探测中微子的存在。在贝塔粒子衰变中，中子变成质子，并释放中微子和电子，而在其逆效应中，质子吸收中微子和内层电子而变成中子。

王淦昌是第一个提出中微子探测方法的，当时他 35 岁，这是王淦昌和诺贝尔奖最接近的一项工作。1946 年，王淦昌被载入美国所编的百年科学大事记。1947 年，王淦昌被授予范旭东奖。第一届范旭东奖授给化学家侯德榜，王淦昌是获此项奖金的第二人，也是最后一人。

根据王淦昌的方法，美国学者艾伦在 1952 年探测到了中微子存在的迹象，遗憾的是艾伦的实验不精确，结果不清楚。

1945 年，美国制成第一颗原子弹，对物理学家来说，原子弹就是一个非常集中的中微子源。1951 年，费米参加讨论了在原子弹爆炸现场探测中微子的可能性。1952 年，莱因斯和柯温决定在原子反应堆附近探测中微子。原子反应堆也是一个十分集中的中微子源，中微子密度高达每平方米每秒 10^{13} 的量级。1953 年探测工作开始，由于存在来自宇宙的背景辐射，实验结果不够准确。1956 年，他们将探测器放置在反应堆的正下方，探测器距地面 12 米，而距离反应堆只有 11 米，阻隔了绝大部分来自宇宙空间作为次级粒子的中微子，终于探测到了反应堆所产生的中微子信号。这次探测所用的溶液含二氯化铬，原理正是王淦昌所提出的方法。柯温 1974 年去世，1995 年莱因斯获得诺贝尔奖，而王淦昌的重要贡献又一次被诺贝尔奖的评选机构忽视了。

图 71　著名的核物理学家王淦昌（1907–1998）

图 72　惯性约束核聚变的神光装置

1970 年，戴维斯在霍姆斯特克的地下 1.5 千米深处用同样方法观测到来自太阳的中微子。1987 年，小柴昌俊观测到了小麦哲伦星云中超新星发出的中微子。2002 年戴维斯、小柴昌俊以及在 X 射线领域作出卓越贡献的贾科尼并列获诺贝尔奖。

王淦昌是中国宇宙线观测的开创者，“两弹一星”的功勋人物（图 71），他在我国“两弹一星”研制中的贡献受到了我国政府的充分肯定，获得“两弹一星功勋奖章”。1964 年，王淦昌提出了激光核聚变（图 72），即惯性约束核聚变的思想，这就是现在中国、美国和英国等国家正在进行的神光工程项目。

类似的故事还发生在另一位中国物理学家赵忠尧的身上。赵忠尧 1902 年出生于浙江诸暨，1925 年毕业于中央大学，任教于清华大学。1927 年，赵忠尧在美国加州理工大学深造，师从校长——诺贝尔奖获得者密立根教授，主要从事硬伽马射线通过物质时吸收系数的课题。赵忠尧从实验中发现：当硬伽马射线通过重元素铅时，吸收系数与所使用的克莱因 – 仁科公式出现偏差，吸收系数比公式计算的结果大了 40% 左右。赵忠尧将研究结果整理成文，然而密立根不相信，整整三个月不表态。无奈之中，赵忠尧只好求助于直接辅导他的鲍恩教授。鲍恩说服了密立根，赵忠尧的论文《硬伽马射线在物质中的吸收系数》于 1930 年 5 月 15 日在美国《国家科学院院报》上发表。同年 9 月，赵忠尧又写出题为《硬伽马射线的散射》的论文，发表在美国《物理学评论》上。他第一个发现了伽马射线通过量子物质时的“反常吸收”，即正负电子对湮灭现象。

赵忠尧在实验中实际已经观测到了正电子，但是他过度重视能量吸收，没有立即意识到那就是反物质，而当时英国物理学家保罗 · 狄拉克已经预言了反物质的存在。赵忠尧并没有因该项成就被授予诺贝尔奖。两年后，他的同学安德逊在带有磁场的威尔逊云室中观测到宇宙线次生的反物质——正电子的轨迹，这条轨迹和电子的弯曲方向相反，从而他知道这个和电子十分类似的粒子带有正电荷。安德逊指出，这个粒子的质量介于电子和质子之间，是第一种被发现的反物质。

安德逊在他的工作中，谈到了高能伽马射线的反常吸收和辐射，但是没有提到赵忠尧的名字，1936 年，安德森因发现反物质而获得了诺贝尔奖。

20 世纪 80 年代末，杨振宁花了大量精力收集分析资料，1990 年在《国际现代物理杂志》上著文，才恢复了历史真实。杨振宁在列举史实后，非常愤慨地说："这件事太不公平！""我要写文章纠正这一事件，澄清事实，以正视听。"丁肇中教授也曾动情地说："要不是赵教授在 30 年代对正负电子湮没发现作出的巨大贡献，我们就不可能有正负电子对撞机，也就没有今天的物理研究。"

还有一位离诺贝尔奖很近的中国人，他就是和康普顿一起发展了曾经被称为康普顿效应的吴有训。吴有训在康普顿指导下，研究了七种物质的 X 射线散射曲线，于 1925 年发表论文，有力地证明了康普顿效应的存在。1927 年，康普顿因为这个效应获得诺贝尔奖，但是获奖名单中却没有列出吴有训的名字。

从原子反应堆中发出的中微子是电子型中微子，它们是和电子一起发出的。中微子一共有三种不同的类型，分别是和电子一起发出的电子型中微子、和缪子一起发出的缪子型中微子以及陶子型中微子。1959 年，有关不同中微子是否有着不同特点的讨论在著名的物理学家之间激烈地进行着，这些物理学家包括李政道和杨振宁。

2011 年 9 月发生了一件所谓中微子"超光速"的事件，意大利格兰萨索国家实验室的 OPERA 实验团队宣布了他们的观测结果，并刊登于《自然》杂志。研究人员发现，中微子的移动速度比真空中的光速还快。这项对中微子的研究发现，当平均能级达到 17 GeV 时，中微子从欧洲核子研究中心（CERN）走到格兰萨索国家实验室（LNGS），所需的时间比光子在真空中的速度要快 60.7 纳秒，即以光速的 1.0000248 倍运行，这个值是实验标准误差 10 纳秒的六倍，即"比光速每秒快 6 千米"，这是非常显著的差异。如果真的有如此大的差异，从超新星飞来的中微子应该早数年而不是数小时抵达地球。为此，合作进行实验的欧洲粒子物理研究机构特地举办网络讨论会，详细介绍实验方法和误差估计。2012 年 2 月，

CERN 发现在实验装置中连接 GPS 和电脑的光纤接头有松动现象，所以造成了中微子超光速的假象，为此，OPERA 实验室中心主任引咎辞职。2012 年 5 月，由诺贝尔奖得主卡洛·鲁比亚领导的团队 ICARUS 重新测量了中微子速度，结果证实并没有所谓的超光速现象。

29 中微子的探测方法

中微子是构成我们宇宙的一种基本粒子，是热暗物质的一部分，也是宇宙中最不为人们了解的粒子中的一种。中微子本身有一定能量，和电子十分类似，但是它和电子有一个重要区别，就是中微子不带有电荷，所以它不受电磁力的任何影响。通过对中微子的观测，我们可以确定中微子来自何方。中微子仅仅受弱作用力的影响，产生弱作用力的距离尺度远比产生电磁场力的距离尺度小很多，所以中微子和物质发生作用的横截面积很小。人们对中微子的探测也十分困难，需要非常大体积的探测材料再加上有非常大流量的中微子通过这个探测器。

在粒子物理中，常常用发生作用的截面面积来表示粒子之间发生碰撞的概率。如果一个粒子从远方射入一个探测器，那么在垂直于粒子的方向上以粒子通过的点为中心、以截面的大小作一个圆。如果在这个圆形范围内存在一个或以上的探测粒子，撞击效应就会产生；如果在这个圆形范围内没有探测粒子，撞击效应就不会发生。截面的面积和粒子能量相关，能量越大，截面的面积就越大。比如用硼进行探测，如果是速度为 1000 米 / 秒的中子来撞击，中子体积大，能量很大，它的截面面积

为 1.2×10^{-22} 平方厘米；如果是太阳中微子来撞击，中微子静止质量小，能量也非常小，它的截面面积为 1.06×10^{-42} 平方厘米。原子的半径常常在飞米范围之内，中微子的横截面积更小，所以探测到它的机会就更少。

关于中微子的质量，天文学家通过对 16.8 万光年外超新星 1987A 的观测，总共捕捉到十几个中微子，捕捉时间相差了 15 秒。据此估计，它们的能量相差 3 倍，所以中微子的质量应该小于 30 电子伏特。

由于中微子穿透能力很强，所以它们常常包含很多恒星星核中的重要信息。在太阳中心产生的中微子经过短短 8 分钟就可以到达地球表面，而在同样地点产生的光子则需要经过非常漫长的散射过程才能够离开太阳，当这些光子到达地球时，应该已经是一百万年以后了。

中微子探测的早期方法就是王淦昌所提出的将原子核中中子转化为质子同时释放一个正电子的方法。1956 年，美国莱尼斯和科恩小组第一次探测到中微子。这次实验利用了萨瓦纳河工厂的反应堆，由于反应堆能产生很强的中微子流，并伴有贝塔衰变，发射出电子和反中微子，反中微子轰击探测器溶液中的四氯乙烯质子，产生中子，形成氩原子核和正电子，当中微子和正电子进入到探测器中的靶液里时，中微子被吸收，正电子与负电子对发生湮灭，产生高能伽马射线，从而可以判定反应的发生。虽然实验中反中微子的通量高达每平方厘米每秒 5×10^{13}，但当时的探测结果还不到每小时 3 个中微子。后来使用过的元素还有氯 37、碘 127 和镓 71。含有氯 37 的四氯化碳就是一种化工工业溶剂。

1969 年，戴维斯在地下 3000 米的矿井中，使用了 380 吨的含氯工业溶剂，探测来自太阳的中微子（图 73）。这一次的探测结果出乎天文学家的预料，在 1 兆电子伏特的

图 73　戴维斯在地下 1.5 千米的深处用了 380 吨的含氯的工业溶剂来探测太阳发出的中微子

能量以上，探测到中微子的数目仅仅是估计数目的三分之一到三分之二，这就是从20 世纪 70 年代开始一直延续至 2002 年的有名的太阳中微子失踪事件。

太阳中微子数量的估计值是根据恒星演化理论中太阳标准模型获得的，曾有观点认为这个模型所使用的恒星内部温度和压力可能和实际温度和压力有很大差别。一种可能是太阳核心的核反应有时会产生暂停现象，而这种暂停影响需要几千年才能够传递到太阳表面。不过太阳内部温度可以通过日震学方法来确认，使用这种方法的观测表明太阳的标准模型并没有错误。

对中微子的进一步观测表明，改动太阳标准模型也不能解释中微子短缺的问题。因为从流量上看，太阳内部温度较低时才能满足标准模型，而从频谱上看则要求太阳内部有较高的温度，所以单纯的模型修正是不可行的。

中微子有三种形式，早期的中微子理论认为中微子没有静止质量，所以不同类型的中微子之间不可能相互转化。后来对超新星中微子的观测表明，地球上不同地点的中微子的到达时间不同，所以中微子有可能有静止质量。但是不足的观测数量和不精确的计时使得天文学家很难确定这个结论。如果中微子没有质量，它们的速度是光速；如果有质量，它们的速度则应该小于光速。

在戴维斯对中微子的成功探测以后，物理学家纷纷在北美、欧洲和日本的矿井或隧道中建造了新一代的中微子检测器。这些检测器同样都使用庞大的探测靶体，不过改进后的靶体是非常廉价的超纯水。之后的中微子探测中便直接利用了海水和南极的冰层。当中微子穿过水或者冰的时候，如果遭遇原子核并发生碰撞，就会产生带电粒子。在水或冰中，这种超光速的粒子会发射出锥形的浅蓝色光脉冲，即切伦科夫辐射。在水体或冰体的周围，可以使用一层层光电倍增管来检测这种微弱辐射。大量的水担任着靶体角色，可以让中微子与它们发生相互作用；同时，这些水又起着介质的作用，使得物理学家得以检测到这种相互作用。

1987 年 2 月 23 日，一名加拿大天文学家通过智利 4 米光学望远镜发现了一颗超新星，这就是十分有名的 SN 1987A。两天以后普林斯顿的理论天文学家发表论文，认为应该在这颗超新星光学亮度剧烈增加之前获得它所发出的中微子。在同一天的 22 小时前，神冈的水探测器在 11 秒时间内闪烁了 11 次，15 天以后，日本天文学家发表了他们的观测结果。几乎是同时，美国克利夫兰一个废矿井中的中微子探测器也被发现闪烁了 8 次。这是人类第一次接收到来自太阳系以外的中微子。

1998 年，位于日本的超级神冈探测器（图 74）探测到了中微子振荡的迹象，发现了大气分子在宇宙线的作用下会将缪子型中微子转变成陶子型中微子。

超级神冈探测器是利用“切伦科夫辐射”来探测中微子的，它的主体部分是一个建设在地下 1000 米深处的巨大水罐，盛有约 5 万吨超纯水，罐的内壁则附着 1.1 万个光电倍增管。

图 74　日本超级神冈中微子探测器

当中微子束穿过水中时，与水原子核发生核反应，生成高能量的负缪子。由于负缪子在水中以 0.99 倍光速前进，超过了水中的光速（0.75 倍光速），所以它在水中穿越六七米长的路径便会发生切伦科夫效应，辐射出所谓的切伦科夫光。这种光不但囊括了 0.38 微米 ~ 0.76 微米范围内的所有连续分布的可见光，而且具有确定的方向性。因此，只要用高灵敏度的光电倍增管列阵将切伦科夫光（切伦科夫辐射）全部收集起来，也就探测到了中微子束。不过中微子观测中常常混合着宇宙线所引起的切伦科夫辐射，所以为了区别这种噪声信号，可以仅仅观测从地球背面通过地球射入的中微子所引起的效应。

直到 2001 年，加拿大的探测器才同时探测到太阳所发出的三种中微子，其中的 35% 是电子型中微子。

另外一种探测中微子的方法是用镓探测器，当中微子和镓原子作用时会产生新的原子锗，并发出一个电子。使用这种方法能探测到的中微子能量截止值很低，大约为 0.233 兆电子伏特，所以可以观察到大部分的太阳中微子（能量从 0.1 兆电子伏特至 10 兆电子伏特）。意大利的 GALLEX 实验使用了含有 30 顿镓的氯化镓和盐酸溶液，这个试验于 1991 年终止。另外俄罗斯在巴库中微子天文台的SAGE 试验中使用了含有 55 顿镓的约 3000 立方米的溶液。

还有一种中微子或者反中微子的探测方法利用了水和氯化镉混合液。当反中微子和物质材料的质子作用时，会产生一个正电子和一个中子，正电子和周围材料中的电子发生湮灭，同时产生两个光子，而中子经过减速以后最终被镉的原子核俘获。这两个光子是在正电子湮灭 15 微秒以后发出的。利用这个双信号特点，就可以判断探测器内是否发生了中微子效应。

加拿大的萨德伯里中微子观测站位于地下 2000 米处，使用 1000 吨超纯重水，通过观测中微子与重水发生反应变成质子的过程，来探测抵达地球的太阳中微子数目。

如果要寻找来自太阳的中微子，一槽罐液体就可以了。然而，如果要寻找那些来自深空剧烈事件（如超新星爆发）的中微子，一槽罐液体就显然不够了，因为这些来自深空的高能中微子非常分散，到达地球时已经十分稀少。如果科学家要用超纯水来检测来自深空的中微子，假定槽罐的长度为数十米，那么也许不得不等上数十年才能检测到一颗中微子。因此，要提高检测效率，所需槽罐的长度将不以米来计量，而是要长达数千米。

今天世界上大部分的中微子望远镜均是以水或冰来作为接收介质的。主要的用水作为探测器的中微子望远镜有夏威夷的 DUMAND(Deep Underwater Muon and Neutrino Detector)、位于地中海的 NESTOR (NEutrinos from Supernova and

图 75 NESTOR 探测中微子的装置

TeV Sources Ocean Range)（图 75）、位于贝加尔湖的 BDUNT NT-200、日本的 KAMIOKANDE (Kamioka Nucleon Decay Experiment) 和瑞典的 PAN (Particle Astrophysics in Norrland)。

DUMAND2 是新一代的 DUMAND 探测器，它的探测面积达 20000 平方米。NESTOR 的探测面积达 100000 平方米，覆盖 31 千米长的海面，它的探测器深度为 4100 米，共包含有多组光电探测器。每一组包括 10 个光电管，其中 6 个分布在上层，分布半径为 7 米，4 个分布在下层。每 12 组光电探测器形成一个高高的塔杆，这些塔杆均匀地分布在望远镜所在的区域之上。在海水中，切伦科夫荧光的消光距离大约是 2 米。

在中微子望远镜中，AMANDA (Antarctic Muon and Neutrino Detector Array) 是最重要的一台望远镜，又被称为“冰立方”。它是在南极冰层下 1400 米的深处，由埋藏的 4800 个光电倍增管形成的一个切伦科夫荧光望远镜。在这个深度，由于高压，冰层没有气泡，十分透明，这种透明纯冰的消光距离为 24 米。在冰层内，切伦科夫荧光的锥角为 45 度。 冰立方中微子天文台（图 76）是迄今为止最壮观的一台地下天文探测器。

建造这台仪器的技术并不难。首先，工作人员使用高压热水在南极冰层中钻一些深达 2450 米的洞，每钻一个洞大约需 40 小时。然后，研究人员把一串带有 60 个检测器模块的电缆往下放进这个冰洞里，并给这个洞浇满水，让它重新冻结。当一颗中微子在“冰立方”中与某个原子核发生反应的时候，就会产生蓝色的闪光。检测器便把这个闪光记录下来，再经过地面计算机的计算，可以重新构建出每一颗中微子的特性，并确定它们的能量以及来自的方向。

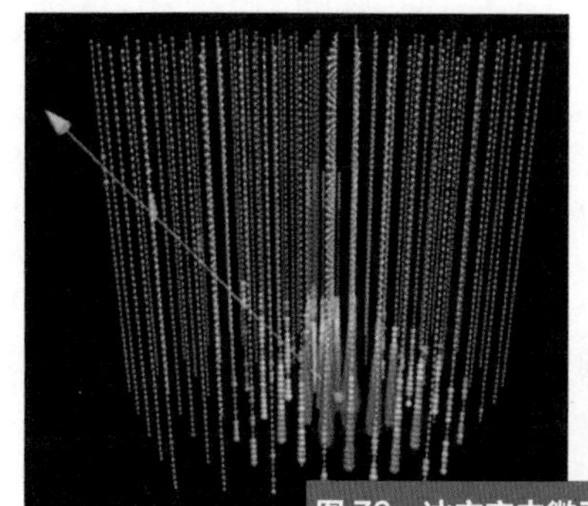

图 76　冰立方中微子天文台中的探测器分布和光电倍增管的安排

然而在工程进行期间，当研究人员把第一串检测器放到冰层之中以后，发现它们完全没有起到应有的探测作用。原来在闪光到达检测器之前，留在冰中的微小气泡散射了这些光线。科学家发现，当深度超过 1400 米时，冰层内的高压会使气泡全部消失，研究人员就可以看到他们所需要的光学信号了。因此，在接下来的实验中，检测器串就全部降低到了 1450 米以下的冰层中。

“冰立方”中的闪光不是全部来自深空的中微子，抵达地表的中微子大都来源于地球大气层。来自深空的宇宙线与地球大气中的原子碰撞，会产生很多中微子，这些次级粒子与来自深空的中微子的比例达到惊人的 500000 ∶ 1。如何分辨这两类中微子？通常可以根据它们的能量来区分。一般来自大气层的中微子能量低，不能穿越地球；而来自深空的中微子能量高，可以穿越地球。因此，天文学家只需要关注来自地球深处的中微子就可以了。也就是说，这些中微子是由地球北极方向来的，它们在深空中被发射出来以后，从北极进入地球，并贯穿整个地球，才到达安装在南极点上的检测器。整个地球在这里是一个屏障，屏蔽掉了科学家们不想要的背景信号。冰立方中微子天文台共有 80 组探测器模块，整个冰立方中微子天文台在 2012 年建成并启用。

其他的一些中微子望远镜具有不同的形式。比如 MUNU（“Mu”和“Nu”分别为表示磁矩和中微子的希腊字母“μ”和“ν”）使用了压缩到 5 巴的 CF4 气体作为接收介质。当中微子和气体中的电子相撞时，电子会反弹使气体电离，从而留下中微子的踪迹。

RICE（Radio Ice Cherenkov Experiment）、FORTE（Fast On-orbit Recording of Transient Events）、GLUE（Glodstone Lunar Ultra-high Energy Neutrino Experiment）、SalSA（Saltdome Shower Array）和ANITA（Antarctic Impulsive Transient Antenna）等都是一些利用阿斯卡莱恩射电效应而建设的射电中微子望远镜。

除了地下和海底的设施外，地面和空中的宇宙线望远镜也可以作为中微子的观测设施。当使用这些设施的时候，探测到的荧光同样必须是来自地下的，这样就可以消除宇宙线和伽马射线的影响。所以中微子望远镜也可以包括一部分的宇宙线望远镜。

30 陶子型中微子的探测

中微子根据它们所对应的带电粒子的情况可以分为三种：电子型中微子，缪（μ）子型中微子和陶（τ）子型中微子，有证据表明并不存在其他形式的中微子。如何区别这三种形式的中微子呢？可以从它们的发光模式进行区别，这种方法的可信度达到25%。

电子型中微子能量最小，转化为电子以后，电子会立即与其他原子相互作用，连续不断地产生具有切伦科夫效应的正负电子对，将能量一下子释放出来，由于每一个粒子都具有切伦科夫光锥，这些光斑叠加起来会形成一个接近圆锥体的区域。缪子型中微子能量比较大，转化成的缪子不像电子那样擅长相互作用，它会在冰中或者水中穿行一段距离，然后再将能量释放出来，形成一个切伦科夫光锥。陶子型中微子的能量比缪子型中微子的更大，转化为陶子之后，大约是电子质量的3500倍。陶子会迅速衰变，它的出现和消失将分别产生两个连续的光球，被称为陶子型中微子的“双爆”现象。

中微子和反物质也有直接的联系。较轻的中微子已经在高能加速器附近被发现。

在早期的宇宙中应该存在着质量很大的陶子型中微子，这些特别重的中微子是不可能在能量十分有限的加速器中产生的，所以要证实这些中微子的存在就必须对中微子进行观测和分析。中微子本身也存在反粒子，这样在双贝塔衰变时，反中微子会立即被其他中微子吸收，证实这种物质和反物质不对称的理论将具有十分重要的意义。

目前观测到的陶子型中微子数量很少。大面积的荧光和射电天线设施可以利用接近水平方向掠射的切伦科夫效应来探测来自宇宙中的陶子型中微子。因为水或冰在紫外和可见光范围内的吸收率低，并且有适宜的折射率，所以水或冰的切伦科夫中微子望远镜有广泛应用前景。

在中微子望远镜中，光电倍增管常常分布在介质内，它们具有很好的时间分辨率（大约 1 纳秒），通过对荧光到达时间的记录，可以确定粒子进入的方向。为了避免宇宙射线所产生的缪子的影响，中微子望远镜一般建设在地下或者海底。缪子是带电荷粒子，它不能穿透很深的介质层，只能到达一定深度。在 1 千米岩石层地下，这种介子大约是每平方厘米每秒 4×10^{-8} 个。如果再深一点，就可以保证 99.9% 的缪子都被岩石层阻挡。如果想更进一步排除它的影响，可以仅仅记录来自地球中心方向的切伦科夫效应，这就消除了宇宙射线的全部影响。在中微子的探索中，可以利用光学切伦科夫效应，也可以利用射电阿斯卡莱恩效应。

正如在宇宙线望远镜部分所介绍的那样，对中微子的探测同样可以使用地面或轨道上的大气荧光望远镜和射电天线进行。射电天线可以是现存的，也可以是专用的。在射电频段，如果中微子撞击到月球岩石的边缘，发出的圆锥状的射电信号可以用地面射电天文望远镜来接收。如果从地心方向射来的中微子撞击到岩石上，同样会产生射电信号，这时可以用空间射电望远镜来接收。

在冰层内，阿斯卡莱恩效应的锥体角为 53 度，在岩盐中，这个角度是 66 度。通过专用接收器，可以确定接收到的中微子的源头所在的方向。

31

闪烁和谐振腔暗物质望远镜

对冷暗物质粒子的探测分为直接探测和间接探测两种：直接探测依赖于该粒子在击中原子核后，通过散射遗留在位于地下超低噪声接收器原子核中的一部分能量；而间接探测的对象是暗物质在湮灭后和物质碰撞的产物、辐射、电荷以及其中几种效应的叠加。一种探测暗物质超中性子的间接方法是通过测量它被控制在太阳或银河系中心时，发生衰变所产生的中微子。当接收器是固体晶体时，会产生声子振荡效应，声子振荡效应的能量要低于光量子或者电荷的能量。当电荷在介质中穿越时，会产生离子化效应，这种电荷可通过电场收集。在半导体中，会产生电子和空穴对，这种效应的能量仅有几个电子伏特。同样液态的惰性气体离子化所需要的能量也仅仅是数十电子伏特。在所有的固体和液体的荧光材料中转变为荧光的能量仅仅是碰撞能量的百分之一到十分之一。

在暗物质的探测中，主要应用的探测器有常温下的闪烁晶体、锗接收器、低温量能器和液态惰性元素探测器。

闪烁晶体是高能物理中最常用的探测器，当外部辐射经过这些材料时，原子和分子会受激发跃迁，在随后的退激发过程中，就会发出可见光。

低温暗物质探测器是一种直接测量暗物质的仪器。当冷的暗物质粒子直接撞击到吸收器中如 Ge、 Si、 Sapphire、 LiF、 AlO_2、 CaW 等的原子核时，由于动量守恒原因，吸收器材料会产生一个很小的能量增长。这个能量常常转换成温度的增量，总的能量增长一般低于 1000 电子伏特，具体数值和暗物质粒子的相对速度、撞击角度、粒子质量以及吸收器的比热和质量相关。这一很小的能量增量（有可能接近 100 电子伏特）可以用非常灵敏的跃迁点量能器来测量。这种应用超导体材料作为传感器的测量头正好处于超导体和绝缘体的温度边界上，所以对于温度的微小变化十分敏感。

在跃迁点处，电阻值变化量非常大。跃迁点的温度宽度仅仅是几毫度，从而可以获得很好的能量分辨率。为了提高灵敏度，传感器本身应该具有尽量低的工作温度和尽量小的热容量。

在传感器正常运行时，除了暗物质以外，有很多因素会使传感器产生微小的温度变化。这些因素包括穿透进来的宇宙线和仪器材料或者岩石中存在的放射性等等。另外，装置的振动也是一种显著的能量源，因此低温暗物质探测器必须使用重金属（比如铜或者铅）进行屏蔽并放置在很深的矿井之中。装置所使用的材料必须很纯，不含有任何放射性，所以需要使用纯水来清洗或者长时间地放置在地下岩洞中。探测装置也必须像引力波望远镜一样有优秀的防振和隔离措施。就算如此，仍然需要用各种不同的方法来证实探测到的效应是不是来自其他的因素，比如是不是因为康普顿散射而产生的电子回弹而不是原子核的回弹等等。

在量子力学中，在经典力学里被称为正交模的振动被称为声子，晶格的每个部分都以同样频率进行的振动，因此在测量中必须将电子和声子分离开来。

另一种消除背景信号的方法是利用信号量的季节变化来认证探测到的信号确实是我们银河系在太阳附近所俘获的冷暗物质粒子。地球的运动和太阳在银河系中的运动之间存在一个角度，所以被俘获的粒子相对于接收器在速度上会有一个明显的季节变化，这就使观测到的信号具有随季节变化的特点（图 77）。

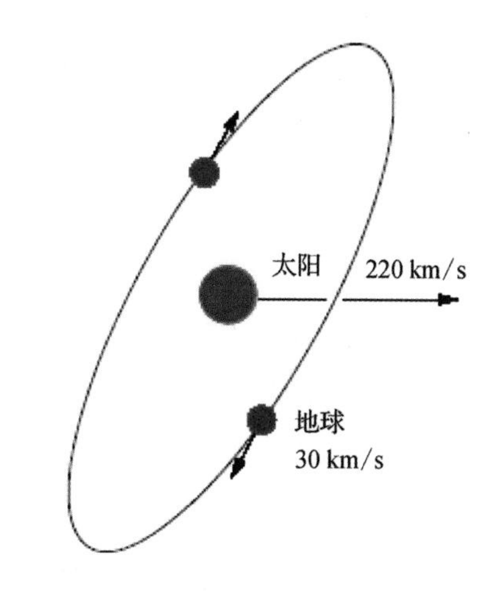

探测冷暗物质的低温测温接收器有时被称为声子传感器。在这种传感器中，吸收器的温度一般调节在 20 到 40 毫开尔文。

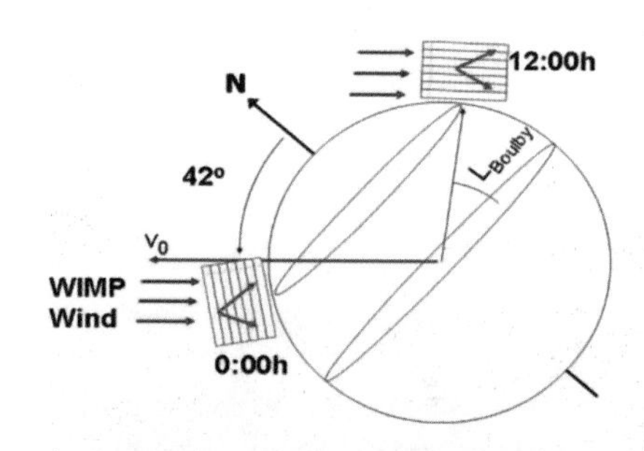

图 77　俘获的太阳系中的冷的暗物质和接收器之间相对速度的季节变化

在暗物质的间接测量中，闪烁传感器和谐振腔接收器是两种重要的仪器。暗物质测量时使用的闪烁接收器和探测伽马射线或中微子的闪烁探测器十分相似，它们利用了反弹原子核的另一个特性，即离子化特性。当原子核的一些电子被撞击散落以后，原子变成了离子，这些离子最终会俘获电子而回到正常状态。在一些材料中，这个过程会伴随着可见光的产生，称为闪烁光。这个闪烁光可以用光电倍增管来捕获。这种接收器常用的材料有 NaI、CsF_2、$CaWO_4$、 BGO，或者处于液态和气态双态的氙。在一些接收器中，还会使用金属丝网形成电场来增强闪烁光。增加的电场会使电子加速，进一步将原子离子化，并产生雪崩现象，更利于暗物质的测量。另外声子探测器和荧光探测器也常常被用来鉴别测量中的背景噪声。

当探测质量介于 10^{-6} 到 10^{-2} 电子伏特之间的轴粒子的时候，有一种将轴粒子转变成微波光子的特殊仪器，这就是谐振腔探测器。在强磁场的作用下，如果谐振腔的谐振频率和轴粒子本身能量正好相等，那么轴粒子就可以转化为微波光子。整个探测装置共分为两个部分：一个是转化腔，将轴粒子在强磁场（约 8 特斯拉）的作用下转化为光子；另一个是探测腔，主要用于捕捉这些次生光子。在探测腔部分要求完全没有任何磁场，以避免要测量的信号发生塞曼效应。为了去除背景噪声，这些腔体同样必须处于 1.3 开尔文的超低温环境中。

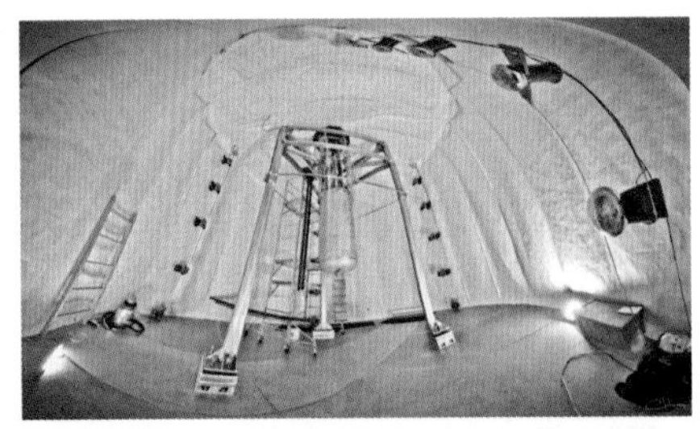

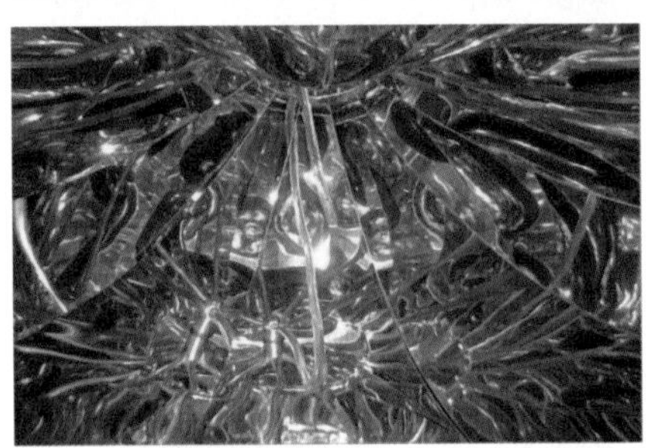

图 78　在美国南达科他州的大型地下氙暗物质实验装置

英国物理学家贝克最近认为轴子可能会根据玻色 – 爱因斯坦理论而凝聚成超大的粒子，这时轴子运动方程非常接近于超导 / 电阻 / 超导集的特性方程，所以轴子可能会在这样的超导集上留下非常微弱的电子信号。这种探测器也可能成为用于探测暗物质轴子的望远镜。

气泡室是一种将液体保持在接近沸腾的状态的容器。在这种状态下，任何微小能量的增加均会在液体中形成气泡。最典型的高灵敏度气泡室是位于美国霍姆斯特克的大型地下液氙接收器（图 78），这里原来是一个深度达 1500 米的废弃金矿。这个接收器是一个高度 3 米的大型低温容器，从外面看容器就像一个巨大的水桶，水桶里装满了 7 万加仑非常纯净的水，目的是用来隔离在矿井中存在的任何自然放射性。悬挂在水桶中心的是氙气泡室，这个低温气泡室由钛合金建成，高度 1.75 米，液氙的重量是 1 吨，内部温度是 160 开尔文。

在水中悬挂着很多光电倍增管，如果宇宙线入射，则光电倍增管有信号。我们需要测量的是当没有宇宙线入射时，液态氙产生闪烁的情形，这时就有可能是有弱相互作用的大质量粒子出现。因为这种粒子和物质的作用机会很少，所以它不会再引起周围的水探测器的任何反应。到目前为止，这是世界上最灵敏的暗物质探测装置。这台探测器的总造价是 1 千万美元。

现在在中国的四川锦屏建有一个同样的地下设施——中国锦屏地下实验室，利用为水电站修建的锦屏山隧道建成，其垂直岩石覆盖达 2400 米，矿井的周围全部是花岗石，这是目前世界上岩石覆盖最深的地下实验室。与中国锦屏地下实验室相比，位于意大利中部格兰萨索山区的欧洲地下试验室就像个游戏室。在四川藏区群山之下，让粒子物理学家最头痛的宇宙线强度大约是格兰萨索山区的 1/200，从而为实验提供了非常“干净”的环境。中国锦屏地下实验室超过了加拿大的岩石覆盖厚度 2000 米的斯诺实验室，能将宇宙射线通量降到约为地面水平的亿分之一。为了让实验室变得更“干净”，工作人员还对环境进行了特殊的包装。实验室外层是 1 米厚的聚乙烯材料，用于阻拦和吸引中子；然后是 20 厘米厚的铅层，用于屏蔽外部的伽马射线；接下来是 20 厘米厚的含硼聚乙烯，用于吸收剩余的中子；最后是 10 厘米厚的高纯无氧铜，用于阻挡铅材料及外部其他材料中的伽马射线。这些屏蔽设备几乎屏蔽掉了能够想到的一切辐射源。

探测器总的造价是 5 千万人民币，建设单位是上海交通大学的核粒子物理研究所。在这个工程的第二阶段，将使用 2.4 吨液态氙，建成世界上规模最大的、也是最灵敏的暗物质探测装置。

在天文学中，冷暗物质的探测是比较新的研究项目，开始于 20 世纪的 90 年代。主要的工程有英国的 UKDMC （UK Dark Matter Collaboration），他们使用的是液态的氙和碘化钠晶体闪烁接收器，还有意大利和中国的 DAMA 、西班牙 的 ROSEBUD（Rare Object SEarch with Bolometers UndergrounD）、加拿大和捷克的 PICASSO （Project in Canada to Search for Supersymmetric Objects）、美国和英国的 DRIFT （Directional Recoil Identification from Tracks）、法 国 的 EDELWEISS、美 国 的 CDMS (Cryogenic Dark Matter Search)、意 大 利 的 CRESST (Cryogenic Rare Event Search with Superconducting Thermometers) 和日本的 OTO Cosmo Observatory。

为了探测重子形成的暗物质，天文学家常常通过观测来反复审查几百颗或者几千颗星的确切位置，看看它们当中有没有形成引力透镜的情况，从而去发现大质量的致密晕形重子物质——晕族大质量致密天体。

图 79　液态氙暗物质探测器

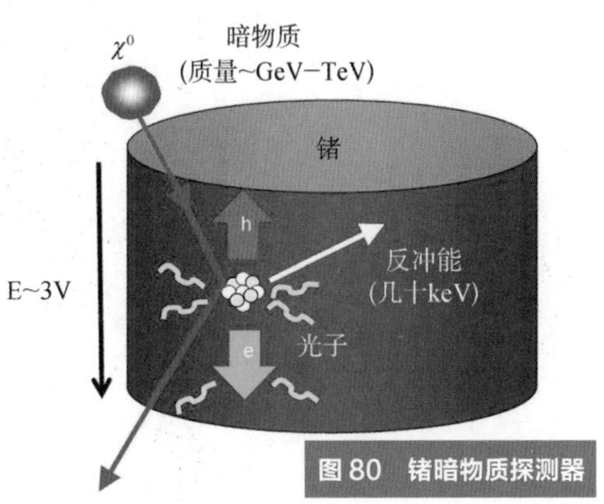

图 80　锗暗物质探测器

THE AGE OF MULTIMESSENGER ASTRONOMY

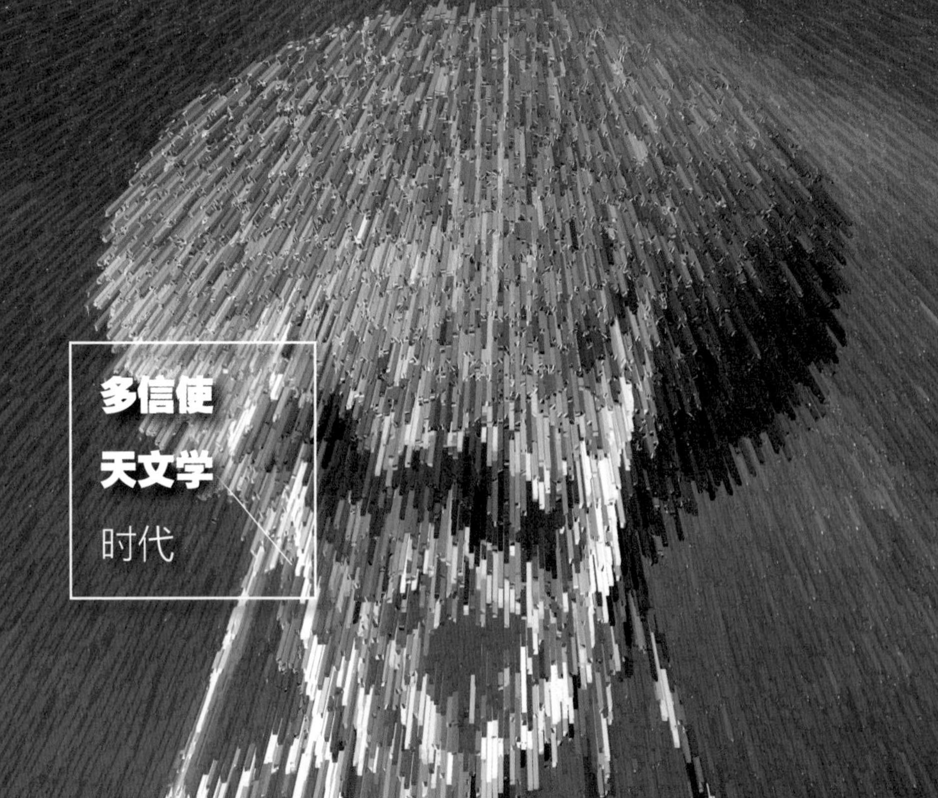

32

非电磁波望远镜

20 世纪是天文望远镜的发展历史中最为重要的一百年，在这期间，天文望远镜不但在电磁波方面从光学波段向所有的其他波段不断扩展，更在非电磁波方面分别发展了引力波望远镜、宇宙线望远镜和暗物质望远镜。

引力波望远镜的产生源自 20 世纪初期爱因斯坦的科学预言。爱因斯坦理论的核心是由于物质的存在所以时空会产生曲率，他的这个理论已经获得了天文观测的证实。根据这个理论，质量或者能量的运动将会使时空产生波纹，从而产生引力波。引力波存在的理论也已经通过对密集双星运动的观测得到证实。

引力波作为一种物理场，和暗物质、黑洞、中子星等天体现象直接联系。暗物质以什么形式存在（图 81）？黑洞如何产生以及它对时空将产生什么影响？一个直径仅仅 20 千米的具有很大质量的中子星究竟是什么样子？所有这些问题很难通过在电磁波范围内的直接观测来回答。但如果对引力波进行观测，则可以提供这些天体的很多细节特点，包括它们的形成、位置、能量水平以及它们的运动情况。

观测引力波的努力最早开始于 20 世纪 50 年代，引力波望远镜包括谐振式探测器和激光干涉仪引力波望远镜两种。由于相对很高的噪声水平和相对很低的信号水平，谐振棒式引力波探测器一直没有探测到真正的引力波信号。从 1990 年开始，美国集中大量人力和物力，投资 3.65 亿美元，开始建设激光干涉仪引力波观测台(LIGO)。2005 年又进一步投资，提升 LIGO 的探测能力。在耗费 10 亿美元的巨额投资后，终于在 2015 年 10 月，新的激光干涉仪引力波观测台探测到了双黑洞并合时产生的非常微弱的引力波信号。由于引力波的作用，激光干涉仪的两个 4 千米臂长发生了很小的长度变化，这个长度变化量等于一个质子的尺寸的万分之一。如果用整个银河的尺寸做比喻，这个相对长度变化还不到一个足球的大小。

最早对宇宙射线的观测是赫斯在 1912 年的一次气球飞行中进行的。宇宙线主要是一些质子和很多重的原子核。宇宙线的能量非常大，可能达到 10^{20} 电子伏特，相当于 16 焦耳，是费米实验室的加速器所能够产生的最大能量的五千万倍。带有正负电荷的、以很高速度运动的宇宙线在经过恒星磁场或者星际磁场时运动方向会发生改变，因此对宇宙线的观测常常不能给出宇宙线源的确切方向。

关于宇宙线的一个最重要疑问是：它们是如何在宇宙空间获得如此巨大的能量的？目前我们只能够想象宇宙线源的可能环境，因为我们知道的所有天体，比如超新星、脉冲星甚至黑洞都不可能将粒子加速到拥有如此巨大能量的状态，而产生这种宇宙线的天体必须具有非常强的磁场或者是本身尺度非常大。最终想要判断这种猜测正确与否就必须对这种宇宙线进行实际的观测，而现代天文学和粒子物理的前沿研究的就是这些能量极高的宇宙线粒子。

由于大多数宇宙线不能够穿透大气的低层，直接的宇宙线观测必须在高空或者轨道上进行，宇宙线的间接观测可以在地面、地下和海底依靠切伦科夫效应来进行。对高能量宇宙线观测的一个困难是宇宙线的流量和它能量的指数函数成反比。当宇宙线的能量很高时，它们的流量会很少，因此捕获它们的机会就很小。在地面有可能通过非常大的捕获面积来观测这些具有极高能量的宇宙线。现在大型的地面宇宙

图 81　计算机模拟的暗物质可视化图

线望远镜设施占据很大的土地面积（6000 平方千米）并拥有很大的视场（在地平方向上从 30 度至 360 度）。通过这样的大天文设施，相信天文学家将会很快破解宇宙线极高能量来源的秘密。

第一种已经观测到的暗物质粒子是不带电荷的、以接近光速运行的热粒子——中微子。1930 年，泡利首先预见到中微子和其他粒子或原子核碰撞时具有非常小的截面面积。它很像一个没有电荷的电子，始终保持着原来的运动方向。电子会受到电磁力和弱作用力的影响，而中微子则仅仅受到作用在极小距离上的弱作用力的影响。

中微子只有在距离非常小的时候才会和原子核发生作用，所以它可以穿透整个宇宙而不留下任何痕迹。当使用有很大体积的液体并且在液体中有大量原子核的时候，由于这时中微子总流量和原子核数量都很多，就有可能出现由太阳或者宇宙线所产生的中微子与探测器中的原子核发生作用的情况。

现代宇宙学理论表明中微子仅仅是暗物质组成的一个极小部分，早在十五年之前，人们就已经开始了对速度比光速低很多的冷暗物质的探索。对冷暗物质的探测是通过一些极其灵敏的、低温冷却的、具有超导传感器的地下量子测量装置进行的。但是，由于噪声水平依然是暗物质探测中的一个大问题，所以从这些精密仪器中至今仍然没有得到任何可靠的观测结果，冷暗物质的探测仍然需要天文学家的进一步探索。

后记
POSTSCRIPT

四十多年前，我和南仁东教授有幸成为改革开放后中国科学院第一批天文科学研究生。天文科学是大科学，当时的中国经济基础薄弱，天文科学不可能有大的投入，与美欧发达国家不在同一个量级。但我们都憋了一口气，希望通过我们的勤奋学习和努力奋斗，尽快缩小这一差距。其后的几十年间，我们时有交流，互相切磋，互相鼓励。他主持“中国天眼”，下定决心搞一个世界级大口径天文望远镜。我异常兴奋，尽我所能支持他的工作。他多次提及天文望远镜方面有太多的高技术问题，这些问题的解答一直分散在众多的期刊文献之中，鼓励我要为中国人争口气，写出天文望远镜的专门著作。

今天的中国，发生了沧海桑田的巨变。特别值得我高兴的是，南仁东教授作为“中国天眼”的主要发起者和奠基人，完成了“中国天眼”这一重大科技项目，使得中国在射电天文望远镜领域一下子进入了第一方阵。我也先后完成了：《天文望远镜原理和设计》，中国科学技术出版社，2003；《高新技术中的磁学和磁应用》，中国科学技术出版社，2006；The Principles of Astronomical

Telescope Design，Springer，2009;《天文望远镜原理和设计》，南京大学出版社， 2020。这几本书的出版除了南仁东教授等诸多专家和同仁的支持、帮助和鼓励外，我的博士生导师、皇家天文学家史密斯先生也多次教导我，只有写出一本望远镜的书才能真正掌握天文望远镜的理论和技术。

随着年龄的增长，我又了解到广大青少年朋友对天文和天文望远镜都有着浓厚的兴趣，但没有很好的渠道，于是我又开始了在我的“老本行”——天文望远镜方面进行科普创作，想让这些各种各样的望远镜被更多人知道、了解和熟悉。于是在中国天文学会的精心组织，以及南京大学出版社的帮助和鼓励下，这套天文望远镜史话丛书正在陆续问世，并有幸入选“南京创新型科普图书”和“江苏科普创作出版扶持计划”，这些项目的入选，也代表了丛书的创意和内容得到了有关单位的认可，在此表示感谢。

同时借此机会，我还要由衷地感谢帮助过我的南仁东教授和史密斯教授，以及其他中外专家和朋友，这些学者有：

南仁东、王绶琯、王礼恒、杨戟、艾国祥、常进、苏定强、胡宁生、王永、赵君亮、何香涛、朱永田、王延路、李国平、夏立新、娄铮、纪丽、梁明、左营喜、叶彬寻、李新南、朱庆生、杨德华、王均智、姚大志。

Dr. Robert Wilson（1978 年诺贝尔奖获得者），Francis Graham-Smith（皇家天文学家，格林威治天文台台长）， Malcolm Longair（爱丁堡天文台台长）， Richard Hills（卡文迪斯实验室天文学教授），Colin M Humphries（天文学教授），Bryne Coyler（英国卢瑟福实验室工程总监）， Aden B Meinel（美国喷气推进实验室杰出科学家），Jorge Sahada（射电天文学家，国际天文学会主席），Antony Stark（波士顿大学天文学家），John D Pope（格林威治天文台工程总监），R K Livesley（剑桥大学工程系教授）。

以上排名不分先后，限于篇幅，不能一一列举，再次衷心感谢各位朋友，没有他们的帮助就没有我的任何成就。

希望大家一直对天文感兴趣，并能喜欢天文望远镜，如果这套小书能对您产生一点点的帮助，将是我莫大的荣幸！

图片来源
PICTURE SOURCE

图 11 NASA

图 28 Simulating eXtreme Spacetimes (SXS)

图 35 Astrium GmbH

图 81 ETH Zurich